Gonzalo Hernández Ibarra
Manuel De Jesús A. Ruiz-Esparza
José Luis Rios Flores

Produtividade da água no sector leiteiro no sul de Coahuila, México

Gonzalo Hernández Ibarra
Manuel De Jesús A. Ruiz-Esparza
José Luis Rios Flores

Produtividade da água no sector leiteiro no sul de Coahuila, México

ScienciaScripts

Cover image: www.ingimage.com

This book is a translation from the original published under ISBN 978-613-9-44132-7.

Publisher:
Sciencia Scripts
is a trademark of
Dodo Books Indian Ocean Ltd. and OmniScriptum S.R.L publishing group

120 High Road, East Finchley, London, N2 9ED, United Kingdom
Str. Armeneasca 28/1, office 1, Chisinau MD-2012, Republic of Moldova, Europe
Printed at: see last page
ISBN: 978-620-8-31899-4

Conteúdo

RESUMO

O objetivo foi determinar a produtividade (P) e a eficiência (E) da água (A) utilizada na produção de leite bovino, tanto em termos físicos (F), como económicos (E) e sociais (S) no Distrito de Desenvolvimento Rural (RDD) Laguna-Coahuila, México, em rebanhos leiteiros de baixo (LBR) e alto rendimento (HRV), utilizando uma metodologia económica baseada na utilização de equações matemáticas alimentadas com dados à escala comercial. ^{33}Os resultados, para ambos os tipos de rebanhos leiteiros, na mesma ordem, mostraram os seguintes índices: PFA 0,385 e 0,6864 litros de leite por m de água, PEA teve USD 12.731 e USD 22.698 de lucro por hm de água, PSA foi o mesmo índice em ambos os rebanhos 1.^{333}059 Empregos por hm , os seus inversos, os índices de eficiência da água utilizada na produção, foram os seguintes: 2.600 e 1.459 litros de água por litro de leite na AAE, enquanto que na AEP foram 78,55 e 44,06 m para cada USD de lucro, e na PSA foi o mesmo indicador 944,273 m para cada emprego gerado. A AAE determinada é consistente com os 1.076,4 litros de água por litro de leite e os 1.325,6 litros de água por litro de leite registados como média mundial e média nacional para a China por Mekonnen e Hoekstra (2010).

Palavras-chave: -Pegada hídrica^ água^ água virtual^ sustentabilidade^ leite

CAPÍTULO I

I. INTRODUÇÃO

O crescimento acelerado da população mundial implica necessariamente a disponibilidade de alimentos para a alimentar, pelo que é fácil deduzir que, a médio e longo prazo, haverá uma enorme pressão sobre os recursos naturais, incluindo a água, para poder produzir os alimentos que a população exige no futuro, pelo que, no futuro, a dependência humana do escasso recurso água aumentará consideravelmente, o que, segundo Alcamo *et al.* 2003).[1]causará graves problemas no que respeita à segurança alimentar, mas sobretudo no que respeita à sustentabilidade ambiental.

Precisamente o problema acima referido deu origem à criação de novas categorias de análise, como a pegada hídrica, apresentada à comunidade científica em 2003 por Hoekstra (2003), Mekonnen e Hoekstra (2010)[23]Mekonnen e Hoekstra (2010) e Chapagain e Hoekstra (2013)[4]Estes novos conceitos de análise de recursos escassos, neste caso a água doce disponível, foram criados para melhor entender e compreender a relação entre os recursos hídricos e as actividades produtivas.

A pegada hídrica é um instrumento que permite determinar a quantidade de água utilizada na produção de um bem ou serviço, pelo que, de acordo com a ciência económica, é um indicador de eficiência, uma vez que mede a quantidade de água, um recurso escasso, que deve ser utilizada por cada quilograma de alimento produzido.

Por conseguinte, à medida que a população procura mais alimentos de origem vegetal e animal, será exercida uma maior pressão sobre a utilização dos escassos recursos de água doce do planeta. A dimensão e as caraterísticas da HH variam consoante os tipos de animais e os sistemas de produção (Mekonnen e Hoekstra, 2010 *Op. Cit.*), ou seja, a pegada hídrica "WF" (como um índice de eficiência física da água utilizada na produção) não é um valor único, a WF varia de região para região, varia em cada sistema de produção, mesmo que se trate do mesmo bem, embora tenda naturalmente para um determinado número em torno de uma média, por exemplo, [3]quando se diz que o HH do leite é de 1020 m de água por tonelada de leite segundo estes dois autores, não se

[1] **Alcamo J, Doll P, Henrichs T, Kaspar F, Lehner B, Rosch T, Siebert S. 2003.** Development and testing of the WaterGAP 2 global model of water use and availability. Hydrological Sciences Journal 48 (3):317-337.

[2] **Hoekstra AY. 2003**. Virtual Water Trade: Proceedings of the International Expert Meeting on Virtual Water Trade. Delft. Países Baixos. 12 e 13 de dezembro de 2002. Value of Water Research Report Series No. 12 UNESCO-IHE. Delft. Países Baixos. www.waterfootprint.org/Reports/Report12.pdf.

[3] **Mekonnen MM, Hoekstra AY. 2010.** The green, blue and grey water footprint of farm animals and animal products. 2010. Value of Water Research Report Series No. 48 2010, UNESCO-IHE, Delft, Países Baixos.

[4] **Chapagain AK e Hoekstra AY. 2013.** Virtual Water Flows between Nations in Relation to Trade in Livestock and Livestock Products. Série de Relatórios de Investigação sobre o Valor da Água n.º 13. UNESCO-IHE. Delft. Países Baixos.

consegue visualizar que se esta média for desagregada por país assumirá outro valor, ou se for desagregada por sistema pastoril-agrícola ou industrial-industrial de produção de leite, acabará por assumir um valor muito diferente da média mundial.

Segundo a SCOPE (2010)[5]a produção animal em geral, ou seja, a produção de carne, leite, ovos, lã, contribuirá grandemente para a geração de problemas ambientais a todos os níveis: regional, nacional e global, incluindo a degradação dos solos, as alterações climáticas, a poluição atmosférica, a escassez e contaminação da água e as perdas de biodiversidade.

A HH na produção de alimentos para animais, sob a forma de forragens, está intimamente relacionada com o conceito de *produtividade física da água* proposto em 2003 pelos autores Kijne, Barker e Molden, entendido como uma medida sólida para determinar a capacidade dos sistemas agrícolas para converter água em alimentos para animais.[6] [7]É entendida como uma medida sólida para determinar a capacidade dos sistemas agrícolas de converter água em forragem.

Baseado em Hoekstra (2012)[7, 833-13-1]a produção de um litro de leite implica uma despesa média mundial de 1.021 m por tonelada de leite (somando os três HH: azul, verde e cinzento dos três sistemas de produção de leite, considerando o pastoreio, o industrial e o misto de pastoreio e industrial), mas essa média é de 1.207 m tonelada quando se considera apenas o sistema industrial de produção de leite e de 1.192 m tonelada se se tratar do sistema de produção de leite de pastoreio.

Por outro lado, ao contrário do que o senso comum poderia sugerir, sobre a água ser um recurso quase infinito, dado que até o planeta terra é chamado de planeta azul, devido à cor que a água dos mares e oceanos dá ao planeta quando observada do espaço, ela é de facto um recurso extremamente escasso, uma vez que a água doce disponível para os seres humanos é apenas 0,0075% do total de água existente no mundo.0075% do total de água existente no mundo, pelo que, sendo a água um recurso utilizado na produção, para além do facto de a água poder ser utilizada em diversas actividades como a agricultura, a pecuária, a produção industrial e o consumo doméstico urbano, a água deve ser utilizada da forma mais eficiente e produtiva possível, se o objetivo for garantir a sua

---

[5] **Comité Científico para os Problemas do Ambiente (SCOPE). 2010**. Livestock in a Changing Landscape: Drivers, Consequences, and Responses. Volume 1 [Steinfeld H, Mooney HA, Schneider F e Neville LE (Eds.)]. Publicado por Island Press 2010.

[6] **Kijne JW, Barker R, Molden D. 2003**. Water productivity in agriculture: Limits and Opportunities for Improvement. CABI Publication 2003, Wallingford UK. 332p.

[7] **Hoekstra AY. 2012**. The hidden water resource use behind meat and dairy. Animal Frontiers 2(2):3-8.

[8] **Mekonnen MM, Hoekstra AY. 2010.** The green, blue and grey water footprint of farm animals and animal products. 2010. Value of Water Research Report Series No. 48 2010, UNESCO-IHE, Delft, Países Baixos.

existência para consumo humano a longo prazo.
Ora, tudo o que foi dito acima parece sugerir que este trabalho é sobre o leite bovino, e não é assim^ uma vez que este estudo trata da análise de uma categoria económica, a da eficiência, que consiste em usar a menor quantidade de um recurso utilizado na produção por unidade de produto gerado, ou, se for visto como o seu inverso, isto é, como um índice de produtividade: fazer mais de um bem usando o mínimo possível de um recurso, sendo que a produção de leite bovino é apenas o objeto sobre o qual recai a ação da ciência económica, ou seja, a produção de leite na DDR Laguna-Coahuila é apenas a matéria-prima sobre a qual estudaremos o quão eficiente e produtivo é o uso do recurso escasso água.

CAPÍTULO II

II. PROBLEMA A TRATAR, OBJECTIVOS ESPECÍFICOS E HIPÓTESES

II.1 Problema a resolver, objetivo específico

Este estudo aborda a questão económica da utilização de recursos escassos, especificamente o recurso muito escasso água, através da determinação de índices de produtividade e da eficiência com que a água é utilizada na produção no domínio específico da produção de leite bovino no sistema especializado da porção Comarca Lagunera do estado de Coahuila, México, A produção de leite bovino torna-se apenas a matéria-prima sobre a qual se baseia a ação da economia zootécnica, através da aplicação de conceitos, definições e metodologia matemático-económica. Portanto, o ***problema a ser tratado*** neste trabalho está relacionado com a escassez de água e como ela é utilizada de forma produtiva e eficiente na produção leiteira bovina. ***O objetivo particular*** deste estudo foi determinar índices numéricos de *produtividade* e *eficiência* da água utilizada na produção de leite bovino no sistema especializado, limitado ao âmbito geográfico dos cinco municípios do sul de Coahuila, pertencentes à Comarca Lagunera, uma bacia que também inclui a parte norte do estado de Durango, no México.

II.2 Hipótese

Primeira hipótese: A água utilizada na produção de leite bovino no sistema especializado em gado de alto rendimento no Distrito de Desenvolvimento Rural (RDD) Laguna-Coahuila, México, terá uma **maior *produtividade e eficiência física*** (medida pela produtividade física da água) **do que** a água utilizada na produção de leite.

$^{3\text{-}33\text{-}1}$PFA- e a eficiência física da água -EFA- utilizada na produção, sob as unidades de litros de leite por m de água e litros de água por litro de leite produzido, abreviados como L m e m L, respetivamente) do que a PFA e a EFA de bovinos de baixa produção na DDR Laguna-Coahuila.

Segunda hipótese: A água utilizada na produção de leite bovino no sistema especializado de bovinos de alto rendimento no Distrito de Desenvolvimento Rural (DDR) Laguna-Coahuila, México, terá **maior *produtividade e eficiência económica*** (produtividade económica medida da água - PAE- e eficiência económica da água -EEA- utilizada na produção, $^{3\text{-}333\text{-}1}$nas unidades de lucro em USD por hm de água, ou seja, USD hm , e m de água utilizada na produção por lucro em USD, ou seja, m USD , respetivamente) do que a EAP e a EEA dos bovinos de baixo rendimento da RDD Laguna-Coahuila.

Terceira hipótese: A água utilizada na produção de leite bovino no sistema especializado de bovinos de alto rendimento no Distrito de Desenvolvimento

Rural (RDD) Laguna-Coahuila, México, terá **maior *produtividade e eficiência social*** (medida da produtividade social da água - PES- e da eficiência social da água -ESA- utilizada na produção, $^{3-333\ -1}$nas unidades de postos de trabalho gerados por hm de água, ou seja, postos de trabalho hm , e m de água utilizada na produção por posto de trabalho gerado, ou seja, m postos de trabalho, respetivamente) do que a PSE e a ESA do gado bovino de baixo rendimento no DDR de Laguna-Coahuila.

CAPÍTULO III

III. REVISÃO DA LITERATURA

3.1 Produção de leite no mundo e no México

De acordo com a FAO, como a tendência ao longo do tempo na produção de leite é marcadamente crescente, este setor económico está, portanto, a tornar-se mais relevante, devido ao seu impacto económico e social, especialmente nos países em desenvolvimento (FAO-FEPALE, 2012)9. Assim, verifica-se na Figura 1 que a produção de leite tem aumentado significativamente em todos os países, com taxas de crescimento superiores à taxa demográfica, com exceção da Ucrânia e da Austrália, que registaram ligeiros decréscimos na sua produção. A China, quarto maior produtor a seguir à União Europeia, aos EUA e à Índia, foi o país que registou as maiores taxas de crescimento no período 2002-2010, superiores a 10% ao ano, de tal forma que duplicou a sua produção no período.
Já no ano de 2021, a partir da tabela 1, baseada em dados da empresa espanhola de gestão de bases de dados; Statista[17] [18]Verifica-se que a produção combinada dos quinze principais países produtores de leite do mundo ascendeu a 541,6 milhões de toneladas métricas (mtm) e que o consumo mundial de leite fresco foi de 189.590 mil toneladas métricas (mtm) de leite fresco, e que a União Europeia continua a ser o principal produtor de leite, com 145.7 mtm, volume com o qual produz cerca de um terço (26,9%) do leite produzido pelos quinze países produtores de leite, os seus valores de consumo de leite, 23.900 mtm de leite, fazem dela o segundo maior consumidor de leite do mundo, sendo a Índia o maior consumidor com 83.000 mtm, mas o terceiro maior produtor com 96 mtm.

[17] **FAO-FEPALE. 2012.** Situação dos Lácteos na América Latina e no Caribe em 2011. Observatório da Cadeia Láctea. Escritório Regional da FAO para a América Latina e o Caribe, Divisão de Produção e Saúde Animal. Santiago do Chile 2012.
[18] **Statista. 2022.** Disponível em: https://es.statista.com/estadisticas/600241/principales-productores-de-leche-de-vaca-en-el-mundo-en/

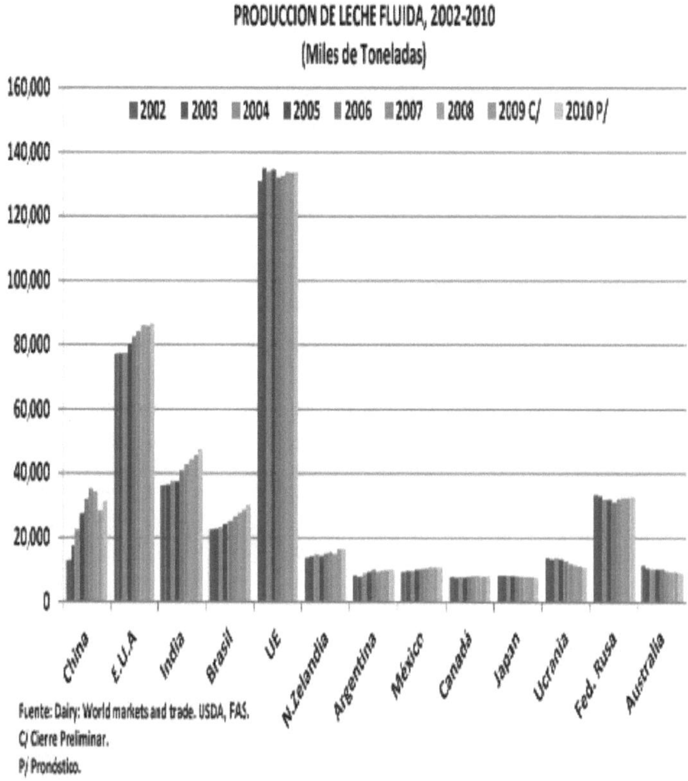

Figura 1: Produção mundial de leite nos principais países produtores de leite entre 2002 e 2010[19]

Por sua vez, os EUA ocupam o segundo e terceiro lugar na produção e consumo, com 102,6 Mtm e 21.000 mtm, e no caso do México, a Tabela 1 mostra que é o nono no ranking mundial tanto na produção como no consumo de leite, com 12,85 Mtm produzidos em 2021 e 4.149 mtm consumidos.No caso da América Latina, apenas o Brasil está melhor posicionado no ranking mundial de produção e consumo, com 24,85 milhões de toneladas produzidas, ocupando o sexto lugar na produção mundial de leite, enquanto o seu consumo, 11.120 milhões de toneladas, o coloca como o quinto maior consumidor de leite fluido.

No ranking mundial de produção e consumo de leite apresentado na tabela 1, existem apenas três países latino-americanos, Brasil, México e Argentina, sendo este último o décimo maior produtor de leite com 11,9 Mtmt, mas o décimo

[19] Perspetiva mundial dos produtos lácteos, 2023. Disponível em: https://www.marketresearchfuture.com/reports/dairy-market-11483?utm_term=&utm_campaign=&utm_source=adwords&utm_medium=ppc&hsa_acc=2893753364&hsa_cam=19912237177&hsa_grp=148712481999&hsa_ad=659589502539&hsa_src=g&hsa_tgt=dsa-2080758263880&hsa_kw=&hsa_mt=&hsa_net=adwords&hsa_ver=3&gad_source=1

terceiro maior consumidor com 1.710 Mtmt. Entre os três principais países produtores e consumidores de leite do mundo, a União Europeia, os Estados Unidos e a Índia representam 63,6% e 67,5% da produção e do consumo mundial de leite. Respetivamente.

De acordo com dados do SIAP (2016), a produção de leite no México é desenvolvida em quase todos os estados do país, caracterizada por sua grande heterogeneidade, tanto produtiva quanto econômica, que de certa forma reflete a ampla distribuição produtiva nas regiões, encontrando na mesma área sistemas que possuem um desenvolvimento tecnológico avançado, caracterizado pelo desenvolvimento genético e biotecnológico, gestão informatizada dos sistemas de produção e amplo desenvolvimento de mercado, em coexistência com inúmeras unidades de produção familiar, que se caracterizam por um desenvolvimento tecnológico desigual e pouco desenvolvimento de mercado (ASERCA, 2010).[12].[20]

Quadro 1: Os quinze principais países produtores e consumidores de leite do mundo em 2021

Classificação	Produção (milhões de toneladas métricas)	Classificação	Produção (milhares de toneladas)	da produção em % do total	do consumo em % do total
1 União Europeia	146	1 Índia	83,000	26.9%	43.8%
2 Estados Unidos	103	2 União Europeia	23,900	18.9%	12.6%
3 Índia	96	3 Estados Unidos	21,000	17.7%	11.1%
4 China	35	4 China	14,501	6.4%	7.6%
5 Rússia	32	5 Brasil	11,120	5.9%	5.9%
6 Brasil	25	6 Rússia	6,990	4.6%	3.7%
7 Nova Zelândia	22	7 Reino Unido	6,280	4.1%	3.3%
8 Reino Unido	16	8 Ucrânia	4,960	2.9%	2.6%
9 México	13	9 México	4,149	2.4%	2.2%
10 Argentina	12	10 Japão	4,050	2.2%	2.1%
11 Canadá	10	11 Canadá	2,835	1.9%	1.5%
12 Austrália	9	12 Austrália	2,470	1.7%	1.3%
13 Ucrânia	8.8	13 Argentina	1,710	1.6%	0.9%
14 Bielorrússia	7.8	14 Coreia do Sul	1,540	1.4%	0.8%
15 Japão	7.5	15 Bielorrússia	1,085	1.4%	0.6%

[20] **ASERCA. 2010**. Situação atual e perspectivas da produção de leite bovino no México 2010. Claridades Agropecuarias. 207: 34-43. em http ://www.infoaserca. gob. mx/claridades/revistas/207/ca207-34.pdf

Total dos principais 15 parses	542	189,590	100.0%	100.0%

Fonte: Elaboração própria, com dados da Statista. Disponível em: https://es.statista.com/estadisticas/600241/principales-productores-de-leche-de-vaca-en-el-mundo-en/ . Nota complementar: o ponto separa as casas decimais e a vírgula separa os milhares.

3.1 **Sistemas de produção de leite no México**

Na produção de leite, a estrutura do estrato de produtores com menos de 10 cabeças concentra 56% das explorações de duplo propósito e 77% das explorações familiares, que por sua vez controlam 18% e quase 28% do efetivo bovino, respetivamente. Por seu lado, os produtores com mais de 100 cabeças concentram 2,7% das unidades de duplo objetivo e 1,1% das unidades especializadas, detendo 27% e 25% dos bovinos, respetivamente. Isto reflecte uma estrutura bimodal da produção leiteira mexicana, que conduz a níveis de produção e produtividade muito diferentes, bem como a um impacto diferenciado das práticas de produção leiteira.

Barrera e Sanchez (2003)[21]A fonte da tabela 2 resume, de forma sintética e esquemática, as caraterísticas dos quatro sistemas de produção de leite no México utilizados pelo Sistema de Informação Agrícola e Pesqueira (SIAP), uma agência federal sob a tutela do Ministério da Agricultura e Desenvolvimento Rural (SADER) no registo do sector de produção de leite no México, estes sistemas são

Sistema Familiar, Sistema de Dupla Finalidade, Sistema Semi-Especializado e Sistema especializado

Tabela 2. Caraterísticas dos sistemas de produção de leite bovino no México utilizadas pelo SIAP (Sistema de Información Agropecuaria y Pesquera), modificadas com base nos rendimentos por vaca e nos rácios vaca/trabalhador comunicados por outros autores abaixo indicados.[1422]

---

[21] **Barrera, C., G. e Sanchez B., C. 2003**. Caracterização da cadeia agroalimentar nacional e identificação das suas exigências tecnológicas: Leite. Programa Nacional Estrategico de Necesidades de Investigación y de Transferencia de Tecnologia. Relatório final. Guadalajara, Jalisco. setembro de 2003. Última consulta: 8 de janeiro de 2023. 8 de janeiro de 2023 . en:
. https ://scholar. google.com/scholar lookup?title=+Caracterização+da+cadeia+alimentar+nacional+e+identificação%B 3 %B 3 n+das+suas+demandas+tecnológicas%B 3 %B 3 gicas.+Milk&author=Barrera+Camacho+G&author=S%C3%A1nchez+Brito+C&publication year=2003&issue=III

[2214] Fonte: **Barrera e Sanchez (2003 *Op. Cit*)** citado por **Rios, Armendariz e Balderrama (2021)**. Impronta idrica fisica ed economica del latte bovino. Il caso del latte prodotto nei sistema contadino e aziendale di Sonora, Messico. EDIZIONI SAPIENZA. ISBN 978620332301-6. Berlim, Alemanha. Estes últimos autores anexaram o rácio existente de vacas por trabalhador em cada sistema de produção, em função da procura do mercado, sendo a sua alimentação baseada no pastoreio. Dispõe de instalações adaptadas, utilizando materiais de construção da região. Faz encomendas à mão. Localiza-se principalmente em Chiapas, Veracruz, Jalisco, Guerrero, Guanajuato, Tabasco, Zacatecas, Nayarit, San Luis Potos^ e Tamaulipas, embora também se observe noutros estados. O rendimento físico na produção de leite é um dos mais baixos, uma vez que existe uma elevada proporção de raças zebuínas, o rendimento físico é inferior ao do sistema familiar, com um rácio

Sistema	Caraterísticas
	Bovinos especializados na produção de leite; raças Holstein. Pardo-suíço americano e Jersey. Tecnologia altamente especializada na produção, alimentação, construção, gestão, administração, refrigeração e conservação do produto. Desenvolve-se nos estados de Durango, Coahuila, Jalisco, Aguascalientes, Chihuahua, México, San Luis Potosi, Queretaro e Baja California. Os rendimentos físicos por vaca são os mais elevados dos quatro sistemas de produção de leite. O rácio de vacas por trabalhador é de 100 ou mais vacas.
Semi Especializado	O gado é gerido em pequenas parcelas de terra, com uma produção de cerca de 1,5 milhões de toneladas de carne de bovino, sem atingir os níveis de produção do sistema especializado. O gado é gerido em pequenas superfícies. A triagem é efectuada manualmente. A maioria não dispõe de equipamento próprio para a refrigeração e conservação do produto. A alimentação do gado é efectuada através de pastoreio e forragens. Desenvolve-se em Baja California Sur, Colima, Chihuahua, Distrito Federal, Hidalgo, Jalisco, México, Morelos, Puebla, Sinaloa, Sonora, Tlaxcala e Zacatecas. O rendimento físico por vaca é inferior ao do sistema especializado, mas superior ao do sistema familiar ou de quintal, estimando-se um rácio de cerca de 60 vacas por trabalhador.
Família ou quintal	Criação de gado em pequenas superfícies. Holstein, suíço americano e cruzamentos de menor qualidade. Baixo nível tecnológico. Instalações rudimentares, predominando a limpeza manual. Alimentação em pastagens. A produção destina-se ao auto-consumo e, por vezes, à venda ao público. Predominante em Jalisco, Estado do México, Michoacan, Hidalgo e Sonora, em menor escala em Aguascalientes, Baja California, Coahuila. Chihuahua, Distrito Federal, Durango e Nuevo Leon. Os rendimentos físicos por vaca são inferiores aos do sistema especializado. O rácio é ligeiramente superior, com um pouco menos de 15 vacas por trabalhador.
Dupla finalidade	Este sistema é desenvolvido nas regiões tropicais do país, com raças zebuínas e cruzamentos com Pardo-Suíço, Holstein e Simmental. O gado produz leite ou carne

As caraterísticas relevantes de cada uma delas são descritas no

O quadro 2 permite facilmente constatar que os sistemas familiar e especializado constituem os dois extremos do sector da produção de leite, ou seja, o sistema familiar caracteriza os produtores mais pobres, enquanto o sistema especializado descreve os produtores maiores e mais empreendedores.

Entre outras caraterísticas a destacar na tabela 2, está o uso de tecnologia, a assistência médico-veterinária, o tipo de dietas e, sobretudo, as diferenças notórias na quantidade de trabalho que cada sistema gera, assim, por exemplo, no extremo onde se gera mais trabalho é no Sistema Familiar, já que em In' há uma relação de 15 vacas por trabalhador (ou seja, cada vaca gera emprego para 0.0666 trabalhadores), enquanto que no Sistema Especializado o rácio de trabalhadores por vaca é extremamente baixo, uma vez que cada trabalhador atende 100 ou mais vacas, ou seja, cada vaca gera 0,01 postos de trabalho, do mesmo modo, é de observar que o Sistema de Duplo Objetivo com 25 vacas por trabalhador, tende a assemelhar-se ao Sistema Familiar, enquanto que o Sistema Semi-Especializado com 60 vacas por trabalhador tende a assemelhar-se ao

estimado de 25 vacas por trabalhador.

Sistema Especializado.

Foi precisamente este o ponto de partida utilizado por Rios, Armendariz e Balderrama (2021, *Op. Ct.*) para agrupar os quatro sistemas de produção de lecitudes utilizados pelo SIAP-SADER em apenas dois sistemas de produção de lecitudes: O Sistema Campesino (composto pelo Sistema Familiar e o Sistema de

[23]Estes são tipificados pela CEPAL (1988) como os sistemas camponês e empresarial e as suas caraterísticas são apresentadas no Quadro 3.

[24]No caso da Comarca Lagunera, uma região composta por quinze estados, cinco dos quais estão no estado de Coahuila e dez pertencem ao estado de Durango, todos os quatro sistemas de produção de leite estão presentes, embora o sistema Especializado predomine, pois é o que mais contribui para a produção, uma vez que de acordo com ASERCA (2010) "1.1% dos produtores especializados possui 27% do gado ... enquanto o estrato de produtores com menos de 10 bovinos concentra 56% das explorações, que por sua vez controlam 18% do gado, respetivamente. Isto reflecte uma estrutura bimodal da produção leiteira mexicana, que conduz a níveis de produção e produtividade muito diferentes, bem como a um impacto diferenciado das políticas leiteiras". De acordo com Villareal, Aguilar e Luevano (1998)[25] 16.406 pessoas estão diretamente empregadas, uma vez que ".é necessário, em condições óptimas, um empregado por cada 15 a 20 vacas em produção, para além de serem necessários 2 pastores e um ajudante por cada 100 vacas. Isso representaria 16.406 empregos diretos sem contar que o gado leiteiro constitui a principal demanda de forragem, sendo a alfafa a maior área da região, utilizando uma média de 16,66 salários diários por hectare, gerando aproximadamente 3.500 empregos por ano.

Quadro 3: Tipologia. entre a agricultura camponesa e a agricultura empresarial.

Agricultura cam ponesaAgricultura empresarial

Objetivo da produção	Reprodução dos produtores e da unidade de produção	Maximização das taxas de lucro e acumulação de capital
Origem dos efectivos	Principalmente a família e, por vezes, o intercâmbio recíproco com outras unidades;	Assalariado
Compromisso do patrão com os	Absoluto	Não existe, exceto por obrigação legal

[23] **CEP AL (Comissão Económica para a América Latina). 1986.** Economia campesina y agricultura empresarial (Tipologla de productores del agro mexicano) Terceira edição. Siglo XXI Editores SA de CV, México.

[24] ASERCA. 2010. *Op. Ct.*

[25] **Villareal G., J. R., Aguilar V., A., Luevano G., A. 1998**. O impacto sócio-económico da produção leiteira na região de Lagunera. Revista Mexicana de Agroindústria. julho-dezembro Vol. 3. Sociedad Mexicana de Administracion Agropecuaria A. C- Universidad Autonoma Agraria "Antonio Narro" Unidad Laguna. Torreon Coahuila México.

trabalhadores		
Tecnologia	Elevada intensidade de mão de obra, baixa densidade de "capital" e de factores de produção adquiridos por dia de trabalho	Maior densidade de capital por ativo e maior percentagem de factores de produção adquiridos no valor do produto final
Destino do produto e origem dos factores de produção	Parcialmente comercial	Mercantil
Critério de intensificação do trabalho	Produção total máxima, mesmo à custa da diminuição da produção média. I.imite: produto marginal nulo	Produtividade marginal > do que o salário
Risco e incerteza	"Algoritmo de sobrevivência" de evitamento não probabilístico.	Internalização probabilística que procura taxas de rendimento proporcionais ao risco
Carácter da mão de obra	Valoriza a mão de obra não transferível ou marginal	Utiliza apenas a força transferível em função da qualificação.
Componentes do rendimento ou da produção	Rendimento ou produto do agregado familiar indivisível e parcialmente realizado em espécie	Salários, rendimentos e lucros, exclusivamente pecuniários

Fonte: CEPAL, 1981. Economia campesina y agricultura empresarial. Tipologia dos produtores agrícolas Mexicano. Disponível em: https://repositorio.cepal.org/server/api/core/bitstreams/cc6047a3-ca8e-4726-9de4-161ad538cb3e/content

3.3 Produção de leite na Comarca Lagunera

A Comarca Lagunera, também conhecida simplesmente como La Laguna, é uma região geográfica composta por quinze municípios, dez dos quais pertencem ao estado de Durango e os restantes cinco pertencem ao estado de Coahuila. É a principal bacia leiteira do país, com um volume anual em 2020 de 2.670.917 toneladas de leite, contribuiu com 21,0% das 12.717.448 toneladas de leite produzidas no México, o estado de Jalisco contribuiu com 20.7% da produção nacional de leite, e a terceira bacia leiteira, Chihuahua, que contribuiu com 9,4%, de acordo com a Tabela 4, as três bacias leiteiras produziram em 2020 mais de metade, 51,1%, do leite produzido no México.

La Laguna produziu 6,5% do volume nacional de carnes de bovino, suíno, ovino, caprino e de aves. O quadro 4 mostra a repartição de cada uma das percentagens com que La Laguna contribui para o total nacional destas carnes: 5% de carne de bovino, 0,3% de carne de suíno, 0,3% de carne de ovino, 5,7% de carne de caprino e 10,5% de carne de aves. Jalisco é, sem dúvida, um dos principais contribuintes para a produção de carne no país, uma vez que, de acordo com o Quadro 4, no que respeita à produção física total de carne a nível nacional, Jalisco contribuiu com 11,7% da carne de bovino, 22,3% da carne de suíno, 7,3% da carne de ovino, 5% da carne de caprino e 11,5% da carne de aves de capoeira nacional. A terceira bacia leiteira do México, a do estado de Chihuahua, de acordo com a Tabela 4, com um total de 1.196.834 toneladas de leite, contribuiu com 9,4% da produção nacional, também, com relação à produção nacional de carne, contribuiu com 4,2% da carne bovina, 0,5% da carne suína, 2,3% da carne ovina, 1,6% da carne caprina e 0,1% da carne de aves.

Cu ad ro 4: Progresso acu m u lad o da produção animal. I nformações em 31 de dezembro de 2020. para nel adas

Localização	Leite (Milhares de litros)			Carne de carcaça (toneladas)							Outros produtos (toneladas)	
	Bovino	Caprinos	Total	Bovino	Porcos	Ovinos	Cabra	Ave3/	Guajolote	Total	Ovosparapla	Cera de melengre
REGIÃO DO LAGOÃO	2,613,295	57,622	2,670,917	103,467	5,187	192	2,280	374,981	■	486,106	107,585	208
LAGUNA COAHUILA	1,425,632	33,359	1,458,991	28,117	4,323	61	1,720	99,107	■	133,328	42,161	137
DURANGO LAGOON	1,187,663	24,263	1,211,926	75,350	864	131	560	275,873	■	352,778	65,424	71
DELEGAÇÃO DE COAHUILA	32,340	11,529	43,869	24,789	1,500	628	2,184	1,924	■	31,024	14,562	85
DELEGAÇÃO DE DURANGO	103,546	559	104,105	33,535	3,395	303	400	587	■	38,219	2,752	401
DELEGAÇÃO DE COAHUILA	32,340	11,529	43,869	24,789	1,500	628	2,184	1,924	■	31,024	14,562	85
DELEGAÇÃO DE DURANGO	103,546	559	104,105	33,535	3,395	303	400	587	■	38,219	2,752	401
JALISCO	2,625,726	9,507	2,635,233	243,133	367,425	4,703	1,983	411,813	■	1,029,057	1,631,703	6,059 ■
CHIHUAHUA	1,189,304	7,529	1,196,834	87,264	7,840	1,505	635	3,072	■	100,316	6,243	637 ■
TOTAL NACIONAL AL	12,553,801	163,648	12,717,448	2,079,362	1,649,337	64,758	40,001	3,578,694	17,083	7,429,236	3,026,360	54,122
% Região Lagunera	20.8%	35.2%	21.0%	5.0%	0.3%	0.3%	5.7%	10.5%	0.0%	6.5%	3.6%	0.4%
% Jalisco	20.9%	5.8%	20.7%	11.7%	22.3%	7.3%	5.0%	11.5%	0.0%	13.9%	53.9%	11.2%
% Chihuahua	9.5%	4.6%	9.4%	4.2%	0.5%	2.3%	1.6%	0.1%	0.0%	1.4%	0.2%	1.2%
La Laguna+Jalisco+Chihuahua	51.2%	45.6%	51.1%	20.9%	23.1%	9.9%	12.2%	22.1%	0.0%	21.7%	57.7%	12.8%

Fonte: Elaboração pro pi a, com base nos dados do Se rvicio de I nfo rm acidn Agroalimentaria y Pesquera (SIAP), com I nfo rm a ç ã o das Delegações da S AG ARPA. Disponível em: https ://w w ww.gob. mx/si ap/accio nes- y-programas/produccion-pecuaria

Para o ano de 2021, havia um inventário de 522 508 vacas em La Laguna, de acordo com o quadro 5, aproximadamente metade do inventário era de vacas de produção, o inventário de vacas estava distribuído da seguinte forma: 241 642 em La Laguna de Coahuila e 280 866 em La Laguna de Durango.

Quadro 5: Número de cabeças, produção e valor da produção leiteira de bovinos em La Laguna, México,

2021

Nível de agregação	Inventário	produção (milhares de litros)	VBP (milhares de pesos mexicanos)	preço (MX$)/litro de leite
Laguna (Coahuila+Durango)	522,508	2,794,922.30	20,180,426.02 $	7.22
Laguna-Coahuila	241,642	1,470,800.47	10,707,993.80 $	7.28
Laguna-Durango	280,866	1,324,121.83	9,472,432.22 $	7.15
Município de Gomez Palacio (em Laguna-Durango)		994,569.15	7,121,202.60 $	7.16

Fonte: Dados abertos SLAP. Estatísticas sobre a produção animal 2021. Disponível em: http://infosiap.siap.gob.mx/gobmx/datosAbiertos_p.php

Em 2021, de acordo com a tabela 5, a produção de leite foi de 2.794.922,3 mil litros de leite, que teve um valor de mercado de MX$ 20.180.426,02 mil, e as contribuições das duas regiões de La Laguna foram as seguintes: La Laguna de Coahuila contribuiu com 53% da produção física e do valor da produção de leite, enquanto a parte de La Laguna no estado de Durango contribuiu com os restantes 47% da produção e do valor gerado pelo leite.

De acordo com Vazquez, *et al. (*2010)18 , o notório rebanho leiteiro de alta demanda em torno de 3% do seu peso vivo em matéria seca para sua alimentação, sendo a alfafa forrageira o principal alimento do rebanho, mas o autor ressalta que "a produção de alfafa nesta região enfrenta sérios problemas de gestão dos recursos hídricos e do solo. O principal problema é a escassez de água derivada da sobre-exploração do aquífero para irrigação desta cultura e de outras forrageiras, bem como a exigência da lâmina anual de irrigação desta cultura, que varia entre 2,4 - 2,7m. Apesar de a produção de leite ter sido considerada como um importante foco de desenvolvimento económico, o aspeto tecnológico da produção de luzerna está seriamente atrasado, por exemplo, a nível nacional, 10% da área total irrigada está equipada com irrigação pressurizada.

Baseado em dados da FIRA (1997 b)[26] [27]No caso do sistema familiar, como

[26] **Vazquez-Vazquez, C., Garci'a-Hernandez, J. L., Salazar-Sosa, E., Murillo-Amador, B., Orona-Castillo, I., Zuniga-Tarango, R., ... & Preciado-Rangel, P. (2010)**. Rendimento e valor nutritivo da alfafa (Medicago sativa L.) forrageira com diferentes doses de esterco bovino. *Revista mexicana de ciencias pecuarias*, *1*(4), 363-

mostra a Tabela 2, ele tem a caraterística de possuir um nível tecnológico tradicional, com menos de 30 bovinos na propriedade, sistema de manejo manual ou portátil, com instalações rústicas, utilizando forragens de qualidade regular e com baixa capacidade empresarial. Por outro lado, as queijarias especializadas têm um nível tecnológico avançado, com mais de 200 bovinos na exploração, sistemas de gestão mecanizados, instalações modernas, organização vertical e horizontal e uma elevada capacidade empresarial.

3.4 Produtividade da água na produção animal em algumas regiões do mundo e no México

Embora a produção animal, como a carne, o leite, os ovos, a lã, seja superior à produção vegetal na cadeia trófica, é utilizada muito mais água do que na produção vegetal, para além da água utilizada na produção de plantas forrageiras consumidas pelo gado.

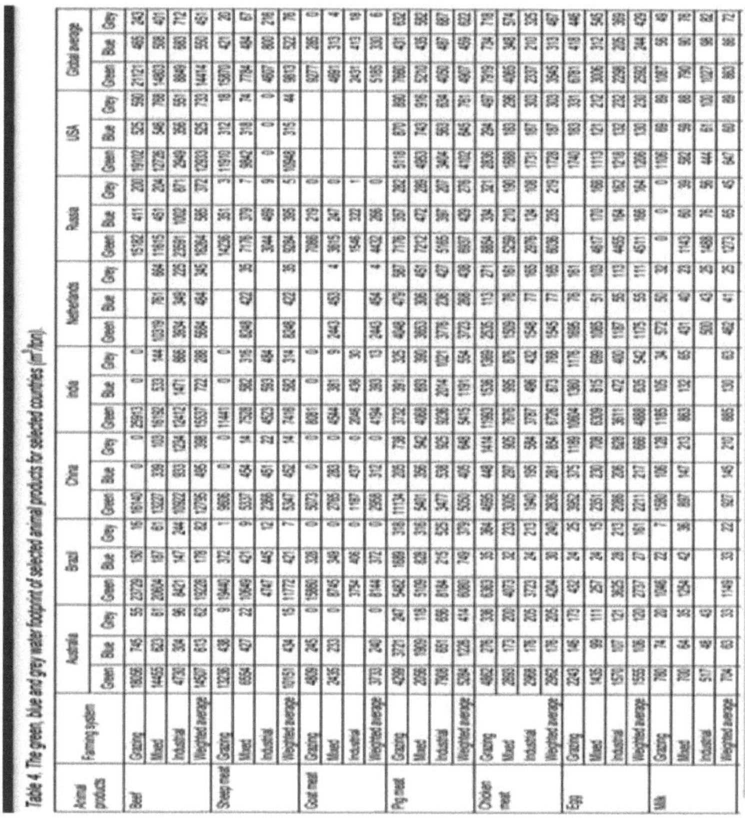

Table 4. The green, blue and grey water footprint of selected animal products for selected countries (m^3/ton).

372.

[27] **FIRA- Banco de México 1997b**. Diagnóstico da Ganaderia de Leite. Subdireção Regional Norte. Residência estatal: Comarca Lagunera. Torreon Coahuila. México.

Quadro 6: Pegadas hídricas azul, verde e cinzenta de vários produtos pecuários: um indicador da quantidade de água necessária para produzir uma unidade de produto.[2028]

[29]Existem duas outras formas particulares de consumo de água, a água que é bebida pelo gado e a água que é utilizada para diferentes serviços, como a lavagem de pavimentos e úberes no caso do gado leiteiro, razão pela qual é utilizada uma grande quantidade de água no processo de produção de leite, carne, lã e ovos (Mekonnen e Hoekstra, 2011)21 . O Quadro 6 mostra a pegada hídrica de vários produtos pecuários em diferentes países e sistemas de produção.

[3]Assim, a tabela 6 mostra que a nível agregado geral, para todo o planeta, a carne bovina requer um total de 15.415 m por tonelada (soma das três pegadas hídricas verde, azul e cinza), ou seja, cada vez que se consome um kg de carne bovina, equivale a gastar 15,415 litros de água, porém, como toda média, há valores acima e abaixo dessa média, como pode ser visto na tabela 6, no caso do Brasil, há um índice de 19,928 litros de água por kg de carne, ou seja, 28,3% acima da média mundial, enquanto que no caso dos Estados Unidos, há uma média de 19,928 litros de água por kg de carne, ou seja, 28.3% acima da média mundial, enquanto que, no caso dos Países Baixos, esse mesmo kg de carne implica um investimento de apenas 6 513 litros de água, ou seja, menos 58% de água do que a média mundial. Ora, se olharmos para isto do ponto de vista do sistema de produção em que a carne foi produzida, pastoral, industrial ou uma mistura de ambos, vemos exatamente a mesma coisa: uma enorme variação.

À semelhança da situação descrita no parágrafo anterior para todos e cada um dos produtos pecuários enumerados no Quadro 6, o leite de vaca não poderia ser a exceção, pois enquanto a média mundial da pegada hídrica total (soma das três pegadas hídricas, verde, azul e cinzenta) é de 1.020 metros cúbicos de água por tonelada de leite, na Rússia a média é de 1,[3-13-1]383 m ton, ou seja, 36% acima da média mundial, enquanto nos Países Baixos, a produção da mesma tonelada de leite de vaca implica um investimento de apenas 528 m ton, ou seja, apenas metade (52%) da média mundial, e se a análise for feita não por tipo de cor da pegada hídrica mas pelo sistema em que o leite foi produzido, verifica-se que existem valores extremos muito diferentes.

[2820] **Mekonnen, M.M. &Hoekstra A.Y. 2010**. The green, blue and green water footprint of animal products. UNESCO-IHE. Instituto para a Educação sobre a Água. Série de Relatórios de Investigação n.º 48.

[2921] **Mekonnen, M. e Hoekstra, A. 2011**. The green, blue and grey water footprint of crops and derived crop products, Value of Water Research Report Series No. 47, UNESCO -IHE, Delft, Países Baixos. http://www.waterfootprint.org/Reports/Report47-WaterFootprintCrops-Vol1.pdfWaterFootprintCrops-Vol1.pdf

A razão para isso é que o indicador da pegada hídrica não é um valor fixo, dado de uma vez por todas, nada poderia estar mais longe da verdade, é, como o seu nome sugere, um indicador que, por uma questão de redundância, indica quanta água é necessária para produzir um bem em condições específicas de um sistema de produção específico, de uma localização geográfica específica, de um grau tecnológico de produção específico e ainda mais: de tempo.

[30][3]Mekonnen e Hoekstra (2011) estimaram que a produção animal global necessitava, em média, de 2.422 Gm de água por ano (87,2% de água verde, 6,2% de água azul e 6,6% de água cinzenta).[31]). A maior parte do volume total de água utilizada, 98%, está relacionada com a pegada hídrica dos alimentos para animais e 1,1% com a água potável. A quantidade de água utilizada depende dos diferentes sistemas de produção e gestão agrícola, da zona edafo-climática, bem como do tipo de solo, da existência de culturas de substituição, entre outros.

No domínio específico da produção de leite bovino, é de notar que o leite tem uma densidade específica que depende do teor de gordura do leite, sendo claro que o teor de gordura depende da raça, da alimentação, do maneio e de muitas outras variáveis, mas é, no entanto, válido considerar uma densidade de 1.034 kg por litro de leite, pelo que os indicadores da pegada hídrica do leite bovino, já referidos nos parágrafos anteriores, assumem a forma dos indicadores apresentados no quadro 7, medidos em litros de água por litro de leite no caso da produtividade física da água (PFA) e em litros de água utilizados na produção por litro de leite produzido no caso da eficiência física da água (EFA).

Nesta fonte, tabela 7, com base nos valores da tabela 6 determinados por Mekonnen e Hoekstra (2010 *Op. Cit.*), são apresentados apenas os índices físicos de produtividade e eficiência do leite (PFA e EFA) das médias mundiais, americanas, holandesas e chinesas, complementados com valores sobre a produtividade física, económica e social e a eficiência da água utilizada na produção leiteira bovina em três localidades do México.

Com base no exposto, a conversão do leite considerando uma densidade de 1,034 kg por litro de leite, considerando também o somatório das três pegadas hídricas: azul, verde e cinza, a tabela 7 mostra que produzir um litro de leite a nível agregado geral, para todo o planeta, segundo Mekonnen e Hoekstra (2010 *Op. Cit*) requer 1076,4 litros de água, enquanto nos EUA 823,1 litros de água por litro de leite são suficientes, 546 no caso da Holanda (país com a menor

[30] **Mekonnen, M. e Hoekstra, A. 2011**. Op. cit.

[31] A classificação da pegada hídrica nas cores azul, verde e cinzento refere-se à origem da fonte de água utilizada na produção, o azul refere-se à quantidade de água utilizada na produção de um bem quando essa água provém do subsolo, como rios ou lagoas, o verde refere-se à água armazenada no solo proveniente da precipitação e o cinzento refere-se ao volume de água necessário para limpar a poluição deixada pela produção.

pegada hídrica bovina leiteira), enquanto nos EUA 823,1 litros de água por litro de leite são suficientes.[32]enquanto nos EUA 823,1 litros de água por litro de leite são suficientes, 546 no caso dos Países Baixos (país com a menor pegada hídrica dos lacticínios bovinos), enquanto na China o leite tem uma taxa de 1.325,6 litros de água por litro de leite.

Quadro 7: Produtividade e eficiência da água utilizada na produção e utilização produção de j bovinos da água na agricultura leite

³PFAhm-) (litros de leite ProdutosLocalização	Fonte ³por m)	ADP (USD	PSA (Empregos ⁻³hm)	EPT (litros) de água por litro de leite)	EEE(m³ por USD de ganho)	SCE(m³ ⁻¹emprego)
Média Mekonnen e						
Leite bovino mundial	Hoekstra, 2010 Mekonneny				1076.4	
Leite bovino E.U.A.	Hoekstra, 2010		823.1			
	Mekonneny					
Leite de vaca Países Baixos	Hoekstra, 2010		546.0			
Leite de vaca China	Hoekstra, 2010				1325.6	
Leite de vaca	Rios, Rios e					
Sistema Delicias,	Rios, 2019					
Chihuahua especializado	$ 4,500		4684 222.6			
Leite de vaca	Rios e Ruiz,					
sistema	2019					
especializado La Laguna	$ 25,170		334439	.7		
	Rios,					
Leite de vaca	Armendariz e					
Sistema Parral,	Rodriguez,					
	2021					
Chihuahua especializado		0.118 $ 5,155	122.	68494	193.984 8,154.64	

Fonte: Elaboração própria, com base nos dados comunicados pelos autores.

a pegada hídrica do leite, esquecendo-se de dizer que se trata do leite produzido no sistema industrial e que é a pegada hídrica azul.

[323-1] S e considerarmos apenas os 1021 m ton indicados na Tabela 6 para a média mundial da pegada hídrica azul no sistema industrial de produção de leite, o índice seria igual a 1021 m3 por 967,1179884 litros de leite, ou seja, teríamos um índice de 1,055,714 m3 de água por litro de leite, ou 1055,714 litros de água por litro de leite, valor que normalmente é considerado como 1055,714 litros de água por litro de leite.

[33][34]No caso do leite bovino produzido no México, Rios, Rios e Rios (2019)[25] determinaram que no DR005 em Delicias, Chihuahua, o índice foi de 4,684 litros de água por litro de leite, enquanto no DR017 em La Comarca Lagunera, segundo Rios e Ruiz (2019)[26] o índice de eficiência física da água (EFA) foi de 3,344 litros de água por litro de leite, [35]e já muito acima das médias indicadas na coluna EFA da Tabela 7, observa-se que para o leite bovino produzido em Parral, Chihuahua, pelo sistema familiar (o mais atrasado tecnologicamente), de acordo com Rios, Armendariz e Rodriguez (2021)[27] o indicador sobe para 8.494 litros de água por litro de leite.

A Tabela 7 indica que apenas Rios, Armendariz e Rodriguez (2021, *Op. Cit.*) apresentam em seu estudo a determinação da PFA (produtividade física da água) do leite, com um índice de 0.^{3}118 litros de leite por m de água, o indicador PFA pode ser facilmente obtido para os restantes autores indicados na Tabela 7, através do inverso do indicador EFA (eficiência física da água), obtendo-se assim que a média mundial de PFA para leites bovinos a nível médio mundial, para os EUA, Holanda e China determinada por Mekonnen (2021, Op. Cit.), e para a Holanda e China determinada por Mekonn (2021, Op. Cit.), $^{-3}$Holanda e China determinados por Mekonnen e Hoekstra (2010 *Op. Cit.*), nessa ordem respetivamente, seriam iguais a 0,929, 1,215, 1,832 e 0,754 L m , enquanto que, para os leites bovinos de Delicias, Chihuahua e Parral, Chihuahua os indicadores seriam 0.$^{-3}$213 e 0,299 L m , com base nos valores da AFE determinados por Rios, Rios e Rios (2019 *Op. Cit.*) e Rios e Ruiz (2019, *Op. Cit.*), respetivamente. $^{-3}$Quanto à PSA (produtividade económica da água, medida em lucro em USD por hectómetro cúbico de água utilizada na produção, abreviada como USD hm), o Quadro 7 mostra apenas três casos de PSA no leite bovino, o que se explica pelo facto de a PSA ser um tema realmente novo e pouco estudado, $^{-}$ O mesmo acontece com o PSA (produtividade social da água, medida em empregos gerados por hectómetro cúbico, abreviado como E hm 3), que é um tema relativamente novo. ^{3}Assim^ observa-se que o PES foi de USD 4.500 e USD 25.270 por hm para leites bovinos dos Sistemas Especializados de Delicias, Chihuahua e La Laguna, de acordo com Rios, Rios e Rios (2019 *Op. Cit.)* e Rios

---

[25] [33] **Rios-Flores Jose Luis, Rios-Arredondo Becky Elizabeth, Rios-Arredondo Hebrian Efrain. 2019. *Op. cit.*** Huellas hidricas fisica y economica de la leche. El caso de la leche bovina de Delicias, Chihuahua, México. Editorial Académica Espanhola. ISBN978620-0-02518-0. Berlim, Alemanha

[26] [34] **Rios-Flores Jose Luis, Ruiz-Torres Jose. 2019.** PRODUTIVIDADE ECONÓMICA DA ÁGUA NA AGRICULTURA E NA Pecuária Leiteira NA CUENCA DE DELICIAS, CHIHUAHUA, MÉXICO Jose Luis Rios Flores, Jose Ruiz Torres. Revista CiBIyT, Ciências Básicas, Engenharia e Tecnologia ISSN: 1870-056X. Ano 15 No. 42. setembro-dezembro de 2019. Pag.46-51.

[35] **Rios-Flores, J.Luis, Armendariz E. Sigifredo, Rodriguez M., Carlos E. 2021**. Efficacite et productivite de l'eau dans la production laitiere bovins produits dans le systeme semi-especialise a Parral, Chihuahua. Edições Notre Savoir. ISBN 978-620-3-31867-8. Berlim, Allemagne

e Ruiz (2019 *Op. Cit.*), respetivamente, enquanto que, no caso do leite bovino produzido no Sistema Familiar em Parral, Chihuahua, o índice foi de USD 5.155 hm-3, de acordo com Rios, Armendariz e Rodriguez (2021 *Op. Cit.).*
[3] Em relação ao SPE, o quadro 7 mostra que a utilização de um hm (recorde-se que um hm3 equivale a um milhão de metros cúbicos) de água na produção estava associada à criação de 122,6 postos de trabalho equivalentes.[36] O índice ESA (eficiência social da água utilizada na produção) equivale a uma eficiência de 8.164,635 metros cúbicos de água investidos na produção por cada posto de trabalho criado.
[3-1]O IEEA na Tabela 7 (eficiência social da água, medida como m3 de água usada na produção necessária para gerar um dólar americano de lucro, abreviado como m USD) mostra que para o leite produzido no Sistema Familiar em Parral, Chihuahua, foi necessário gastar 193. 984 m para cada dólar americano de lucro (de acordo com Rios, Armendariz e Rodriguez, 2021 Op. Cit.).[33-1]984 m para cada USD de lucro (segundo Rios, Armendariz e Rodriguez, 2021 *Op. Cit.*), enquanto que, nos leites bovinos produzidos no Sistema Especializado de La Laguna e Delicias, Chihuahua (segundo Rios e Ruiz, 2019 *Op. Cit.* e Rios, Rios e Rios, 2019 *Op. Cit.*) os indicadores foram de 39,7 e 222,6 m USD, respetivamente.
Note-se que as variáveis económicas independentes do preço por litro de leite, do custo de produção por litro de leite e da taxa de câmbio, ou seja, a relação entre pesos mexicanos e dólares no mercado cambial, se juntam à longa lista de variáveis independentes de que dependem a produtividade e a eficiência da água, de modo que, por exemplo, em duas regiões produtoras de leite, mesmo que uma delas tenha um rendimento por vaca muito superior ao da outra, basta uma descida do preço do leite ou um aumento do custo de produção por litro de leite para produzir uma descida do preço do leite ou um aumento do custo de produção por litro de leite, mesmo que uma delas tenha um rendimento por vaca muito mais elevado do que a outra região produtora de leite, basta uma descida do preço do leite ou um aumento do custo de produção por litro de leite, ou uma desvalorização, para arruinar o bom efeito do elevado rendimento do rebanho, fazendo com que se utilize muito mais água na produção para produzir um dólar de lucro, ou, visto como o seu inverso, que a quantidade de produto económico, o lucro, diminua por unidade de volume de água. O inverso também é verdadeiro, ou seja, uma região leiteira com baixa produtividade da água, ao ter

[36] No capítulo sobre Materiais e métodos, define-se que um emprego equivalente é igual ao número de dias de trabalho que, em média, ou seja, como média social, uma pessoa trabalha num ano. Assim, define-se que o trabalho de seis dias de trabalho por semana durante quarenta e oito semanas por ano, ou seja, 288 dias de trabalho por ano, é equivalente a um emprego equivalente. 288 é, em certa medida, um número arbitrário, uma vez que pode variar de país para país.

um prémio de preço para o leite que produz, irá provocar uma maior produtividade económica da água.

CAPÍTULO IV

IV. MATERIAIS E MÉTODOS

4.1 Localização da área de estudo

A Comarca Lagunera é constituída pelas porções sudeste do Estado de Coahuila e noroeste do Estado de Durango, entre os meridianos 102o 50' e 103 40' de longitude oeste e os paralelos 25o 25' e 26o 30' de latitude norte. Clima extremo, temperatura média anual de 22o C., precipitação média de 230 mm e evaporação média anual de 2200 mm. Limita-se a norte com as serras de Las Delicias, Tlahualilo, La Campana e Baicuco e com a grande planície da antiga Laguna de Mayran, a sul com as serras de Espana, San Carlos e Las Noas, a leste com as serras de Rosario, Vinagrillo e Sarnoso e a oeste com as serras de Bermejillo e MapimL. A sua altitude média acima do nível do mar é de 1.200 m (Figura 2). Com base na classificação climática de Koppen modificada por Gartia (197 3)[37]o clima da Comarca Lagunera é do tipo desértico, com baixa humidade atmosférica e uma precipitação média anual de 240 mm; o período chuvoso decorre de maio a setembro, onde ocorre 70% da precipitação. A evaporação anual é de 2.600 mm e a temperatura média é de 20°C (De la Cruz *et al.*, 2003).[38].

A Comarca Lagunera é uma importante região geoeconómica do centro-norte do México, composta por quinze municípios, dez dos quais pertencem ao estado de Durango (Gomez Palacio, Lerdo, Mapimi, Nazas, Rodeo, Simon BoHvar, San Juan de Guadalupe, San Luis del Cordero, San Pedro del Gallo e Tlahualilo) e os restantes cinco municípios pertencem ao estado de Coahuila (Francisco y Madero, Matamoros, San Pedro de las Colonias, Torreon e Viesca).

---

[37] **Garcia, E. 1973.** Modificaciones al sistema de clasificacion climatica de Koppen para adaptarlo a las condiciones de la republica mexicana. UNAM. México DF 246p.

[38] **De La Cruz, E. Gutierrez, E. Palomo, A. Rodriguez S. 2003**. Amplitude combinatória e heterose de linhas de milho na Comarca Lagunera. Revista fitotecnia Mexicana. 26 (4): 279-284.

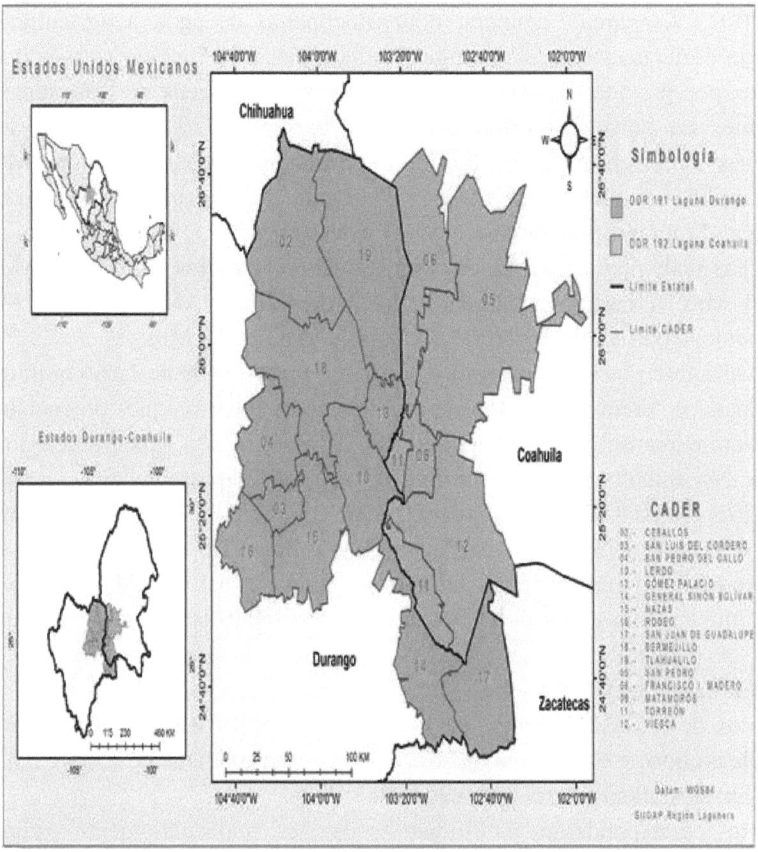

Fig. 2. Localização geográfica da DDR Laguna-Coahuila na DR017 Comarca Lagunera. Fonte SAGARPA (2014)[3139]

A Comarca Lagunera tem uma extensão territorial de 4.788.750 hectares, o que representa 2,5% da superfície nacional. O Ministério da Agricultura e do Desenvolvimento Rural (SADER) é o organismo federal responsável pela agricultura e pecuária. O SADER divide o país em Distritos de Irrigação (DR), que por sua vez estão divididos em Distritos de Desenvolvimento Rural (DDR), e estes por sua vez estão divididos em Centros de Apoio ao Desenvolvimento Rural (CADER). O gado leiteiro, sobre o qual se estudará a produtividade da água, está localizado no DDR Laguna-Coahuila pertencente à DR017 Comarca Lagunera. A Comarca Lagunera é também frequentemente designada simplesmente por La Laguna.

[3931] **SAGARPA. 2014**. Anuario Estad^stico de la Produccion Agropecuaria. Comarca Lagunera. SAGARPA. Delegação na Comarca Lagunera. 167p.

Na DR017 Comarca Lagunera, o abastecimento de água à agricultura e à pecuária é efectuado através de águas subterrâneas, bem como através de água de rega por gravidade proveniente das diversas barragens de armazenamento existentes na zona, As principais são a barragem "El Palmito ou Lázaro Cárdenas", com um nível máximo de armazenamento operacional (NAMO) de 2.863 milhões de metros cúbicos (Mm3), a segunda barragem mais importante é a barragem Francisco Zarco, cujo NAMO é de 309 Mm3 , existem também outras barragens mais pequenas, como a barragem Los Naranjos, com um NAMO de 20.[333]9 Mm, a barragem "Agua Puerca" com um NAMO de 30,7 Mm e, finalmente, a barragem "El Tigre" com um NAMO de 14 Mm.

As águas subterrâneas são irrigadas por 3.200 poços, mais de 1.266 quilómetros de canais e drenos, e outras obras complementares que potencialmente irrigariam cerca de 248.000 hectares, o equivalente a 5% da superfície total da região. No entanto, um ciclo normal de irrigação representa uma área média anual irrigada de 87.240 ha, o que exige um volume de 1.345 milhões de metros cúbicos (Mm3) de água das barragens para o benefício de 33.227 utilizadores dos Módulos na jurisdição do Distrito de Irrigação 017 (Saldana, 1998).[400]A temperatura média anual é de 21,11 C e a precipitação média anual é de 240 mm.

Os solos da região podem ser divididos em 3 grupos:

a) Solos de aluvião recentes, de perfil ligeiro, cujas texturas variam entre o crumble arenoso e o franco-arenoso. Numa área aproximada de 75.000 ha. Estes solos correspondem às classes 10 20 e 30.

b) Solos correspondentes às últimas deposições, maioritariamente argilosos e mal drenados. Cobrem uma área de aproximadamente 100.000 ha.

c) Os solos com caraterísticas intermédias, entre os dois acima referidos, ou seja, com um perfil variável, entre argiloso e franco-arenoso, cobrem uma superfície de 192 000 ha. Estes solos ocupam a parte central da superfície cultivada e, devido às suas caraterísticas físico-químicas, são aí que se situam as culturas mais importantes. São ricos em fósforo, potássio, magnésio e cálcio, mas pobres em azoto. A matéria orgânica encontra-se em proporções reduzidas, sobretudo nos solos cultivados, que são considerados de primeira categoria e para fins de irrigação.

Historicamente, a principal cultura da região de Lagunera foi o algodão. Na década de 40, esta cultura ocupava a maior superfície de bombagem, principalmente para satisfazer a procura de fibras em consequência do conflito

[40] **Saldana, M. 1998**. "Disponibilidade de água e sua utilização na DDR 017". VIII Congreso Nacional de Irrigacion y III Seminario Internacional de transferencia de sistema de riego". ANEI, A.C. Memórias. Comarca Lagunera.

mundial. Posteriormente, a recessão económica e a queda do preço da fibra afectaram o estabelecimento e a colheita da cultura do algodão. Este facto levou à substituição de culturas alternativas, que neste caso eram as forragens, dando início a um aumento da superfície cultivada com luzerna. Atualmente, a superfície cultivada com alfafa é de 78 206 ha.

A principal cultura atualmente é a luzerna, uma vez que 2 em cada 5 hectares atualmente semeados são desta forrageira, a segunda mais importante é outra forrageira, o milho forrageiro com 18,84% da área do padrão agrícola regional, depois a aveia forrageira com 13.74% da área colhida regional, a nogueira quase 5%, o algodão representa atualmente menos de 3% da área do padrão agrícola, enquanto culturas como o tomate vermelho, triticale, hortícolas, aveia em grão, vinha, feijão e árvores de fruto ocupam uma área inferior a 1% (SAGARPA, 2014).[41].

4.2 Metodologia: Equações matemático-económicas utilizadas para estimar a produtividade e a eficiência da água utilizada na produção

As duas equações gerais de Rios e colegas (2015[42], 2016[43], 2018[44]) geradas para a estimativa da produtividade e eficiência da água utilizada na produção de culturas agrícolas foram utilizadas:

$$\text{Pr oductividad} = \frac{\textit{cantidad de producto (físico, económico o social)}}{\textit{Unidad de volumen de agua}}$$

Ecuación 1

$$\textit{Eficiencia} = \frac{\textit{cantidad de agua usada en la producción}}{\textit{Unidad de producto (físico, económico o social)}}$$

Ecuación 2

quantidade de produto (físico, económico ou social) Pr *odutividade =*
Unidade de volume de água
quantidade de água utilizada na produção

Eficiência =
Unidade de produção (física, económica ou social)

Estas foram modificadas por Rios, Rios e Rios (2019 *Op. Cit.*) para a estimativa

---

[41] SAGARPA. 2014. *Op. cit.*

[42] **Rios-Flores, J. Luis, Torres M., Miriam, Castro F., Rafael, Torres M., M.A. Ruiz T. Jose. 2015.** Determinação da pegada hídrica azul das culturas forrageiras na DR017 Comarca Lagunera, México Rev. FCA UNCUYO, 2015. 47(1): 101-122, ISSN impresso 0370-4661. ISSN (online) 1853-8665, pp.93-107. Mendoza, Argentina

[35] **Rios-Flores, Jose Luis, Torres M. M. e Torres M., M. A. (2016 a).** Produtividade hídrica agrícola da noz-pecã no norte do México. Casos: Comarca Lagunera e Delicias, Chihuahua. ISBN978-3-639- 80166-8. Editorial Academica Espanola. Saarbrucken, Alemanha.

[36] **Rios-Flores, Jose Luis, Rios Arredondo, Becky Elizabeth, Cantu Brito, Jesus Enrique, Rios Arredondo, Hebrian Efrai'n, Armendariz Erives, Sigifredo, Chavez Rivero, Jose Antonio, Navarrete Molina, Cayetano & Castro Franco, Rafael (2018).** Análise da eficiência física, econômica e social da água na mesa de espargos (*Asparagus officinalis L.)* e uvas (*Vitis* vinifera) da DR-037 Altar-Pitiquito-Caborca, Sonora, México 2018. *Revista de la Facultad de Ciencias Agrarias. Universidade Nacional de Cuyo*, 50(2). ISSN na versão impressa 0370-4661, ISSN (online) 1853-8665. Mendoza, Argentina.

da pegada hídrica física da produção de leite bovino (HHFL), resultando na seguinte equação:

$$Y = HH_{FL} = \frac{365\left[10^{-3} X_{11} \sum_{i=1}^{n} \left(X_{12} \frac{\left(X_{15}/X_{16} \right)}{X_{16}} \right) + 10^{-3}(X_{17} + 2X_{8} + 3X_{19}) \right] + X_{4}\left[10^{-3}\left[X_{2} \sum_{i=1}^{n} \left(X_{13} \frac{\left(X_{15}/X_{16} \right)}{X_{14}} \right) + (365 - X_{2}) \sum_{i=1}^{n} \left[X_{23} \frac{\left(X_{15}/X_{16} \right)}{X_{14}} \right] + \frac{365}{1000}(X_{26} - X_{27}) \right] \right]}{X_{1} X_{2} X_{3}}$$

Equação 3

Neste modelo, o numerador estima a quantidade de metros cúbicos de água consumidos pela vaca desde o nascimento até ao matadouro (em alimentação, serviço e água bebida pela vaca), nas suas duas fases: fase pré-produtiva e fase produtiva, enquanto o denominador estima a quantidade de litros de leite produzidos pela vaca desde o seu primeiro parto até aos períodos de lactação durante a sua vida.

E a partir desse trabalho, o de Rios, Rios e Rios (2019 *Op. Cit.*), *a equação 3 é modificada neste estudo, de tal forma que se considera para o numerador apenas o consumo de água num ano produtivo médio* (igual neste caso à soma do período de lactação mais o período seco), enquanto o denominador estima a quantidade de litros de leite produzidos pela vaca no seu período de lactação, ou seja, não se considera a fase pré-produtiva da vaca, nem o total da sua vida útil, mas apenas o que acontece num ano médio de produção. Assim, as equações matemáticas que estimam a produtividade e a eficiência hídrica de uma forma expHcita são apresentadas na tabela 8:

Quadro 8: Modelos simplificados de produtividade e eficiência da água utilizada na produção de bovinos leiteiros num ano, numa fase de produção

Equação	Expresso em:
PFA=X1/X25	litros de leite/metro cúbico
EFA=1/PFA	metros cúbicos/litro de leite
ADP=X8*X15/X25	Ganho em USD/metro cúbico
EEA=1/PEA=X25/(X8*X15)	metros cúbicos/ganho em USD
PSA=X29/X25	Empregos/metro cúbico
ESA=1/PSA=X25/X29	metros cúbicos / emprego

Fonte: Elaboração própria com base no quadro 9

Onde as variáveis ***dependentes***, ou seja, as variáveis de produtividade e eficiência da água utilizada na produção aparecem do lado esquerdo da igualdade, enquanto do lado direito da igualdade estão as variáveis independentes "X" das quais dependem, e o significado de cada ***variável.***

A variável independente "X" é explicitamente apresentada no quadro 9, onde se observa que o que é uma variável independente (da qual dependem a produtividade e a eficiência hídrica) é, por sua vez, uma variável dependente de outras variáveis "X".

A segunda coluna da tabela 9 mostra a significância de cada uma das múltiplas variáveis independentes das quais dependem a produtividade e a eficiência da água utilizada na produção de leite bovino.

As equações matemáticas da Tabela 8 permitem a qualquer pessoa replicar esta investigação e condicioná-la às caraterísticas específicas, por exemplo, se quiser obter os índices de produtividade e eficiência da água utilizada na produção de leite bovino do sistema familiar em Michoacan, México, ou do leite familiar em Valência, Espanha (só para dizer alguma coisa), bastará obter os dados específicos destes sistemas como X1, X2, X3.... etc., e assim obterá os índices desejados.

Quadro 9, parte 1 de 2: Variáveis independentes (X) de que dependem a PAE, a AFE, a PAE, o IEEA, o IEEA, o PSA e o IEEA na produção de leite de bovinos num determinado ano, tal como indicado no quadro 8

Variável	Significado	Fonte
X1	Rendimento (litros de leite) por dia por vaca em produções baixas e altas	SIAP-SAGDER DR017 Comarca Lagunera
X2	preço no produtor (MX$)/litro de leite	SIAP-SAGDER DR017 Comarca Lagunera
X3	Custo/litro de leite	Carrasco, 2022. (Consumo direto) INNOVALECHERA
X4	Paridade cambial	Banco do México
X5	lucro por litro de leite (MX$)	X5=X1*X2-X3
X6	lucro por litro de leite (USD)	X5=(X1*X2-X3)/X4
X7	lucro por vaca por dia (MX$)	X7=X1*X5
X8	lucro por vaca por dia (USD)	X8=X7/X4
X9	água virtual consumida por vaca por dia (m3) por **ALIMENTAÇÃO (forragens e grãos)** consumida na fase **de ALIMENTAÇÃO**	**X9=Z**(X31i *X32i)
X10	água virtual consumida por vaca por dia (m3) por **ALIMENTAÇÃO (forragens e grãos)** consumida na fase **SECA**	**X10=I**(X31i *X32i)
X11	Litros de água ***bebidos por vaca*** por dia, em média, durante a vida ***produtiva em lactação***.	Mekonnen e Hoekstra, 2010
X12	Litros de água ***bebidos por vaca*** por dia, em média, durante a vida ***produtiva na fase SECA.***	X12=0.7X11
X13	Litros de água por dia, em média, na vida *produtiva na **fase de SERVIÇOS de ALIMENTAÇÃO MATERNA***	Mekonnen e Hoekstra, 2010
X14	Litros de água por dia, em média, na vida *produtiva na **fase de SECA SERVIÇOS***	X14=0,5*X13
X15	dias do ano em ALIMENTAÇÃO MATERNA	Carrasco, 2022. (Consumo direto) INNOVALECHERA
X16	dias do ano no SECAS	X15=365-X15
X17	volume (m^3)de água consumida por vaca em FEED (forragens e grãos) durante todo o período de lactação	X17=X9*X15

Quadro 9, parte 2 de 2: Variáveis dependentes (X) das quais dependem PFA, EFA, EAP, FSS, FSS, PSA e FSS na produção de leite de bovino num ano, como indicado no quadro 8

Variável	Significado	Fonte
X18	volume (m^3)de água consumido pelos ALIMENTOS (forragens e grãos) durante a fase de SECAGEM	X18=X10*X16

X19	^{3}volume (m) de água consumida por vaca em BEBI DA na fase de *LACTAÇÃO*	X19=X11*X15
X20	^{3}volume (m)de água consumida por DRINKING na fase DRY	X20=(X12/1000)*X16
X21	^{3}volume (m)de água consumida por vaca em SERVI CI OS na fase de LACTAÇÃO	X21=(X13/1000)*X15
X22	^{3}volume (m)de água consumida pelos serviços públicos na fase SECA	X22=(X14/1000)*X16
X23	^{3}volume (m)de água consumida por vaca em ALIMENTAÇÃO, BEBIDA e SERVIÇO na fase de LACTAÇÃO	X23=X17+X19+*X21
X24	^{3}volume (m)de água consumida por vaca em ALI MENTOS, BEBI DA e SERVI CI OS na fase SECA	X24=X18+X20+X22
X25	^{3}volume (m)de água consumida por ALIMENTOS, BEBIDAS e SERVIÇOS nas fases de ALIMENTAÇÃO MATERNA e SECA num ano	X25=X23+X24
X26	Dimensão do efetivo (inventário) em 2022	SIAP-SADER, DR017
X27	número total de postos de trabalho perdidos no ano no sector dos lacticínios	Ganaderia.com
X28	número total de estábulos	Ganaderia.com
X29	Empregos diretos por vaca	X29=X27/X26
X30	número médio de barrigas por estábulo	X26/X28
X31	^{3}m de água por kg de cada i-ésimo género alimentício	X31i=10000(LR/EC)/Rfi
X32i	Kg consumido por dia do i-ésimo alimento (forragem, grãos, concentrado, minerais...)	Depende da dieta

Fonte: Elaboração própria, com base nos modelos de Rios, Ros e Rios (2019); X1 e X2 são provenientes do SIAP-SAGDER, DR017 Delegação Comarca Lagunera, o custo por litro de leite foi obtido através de informação direta fornecida por MC Mario Carrasco Holguin, Gerente da empresa de consultoria INNOVALECHERA, que é também professor da Cátedra de Gado Leiteiro da Universidade Autónoma de Chapingo, que indicou que, dependendo do tipo de produtor, o custo por litro de leite varia entre MX$5,30 e MX$6,63.O custo por litro de leite varia entre MX$ 30 e MX$ 6,63, embora existam produtores individuais com custos inferiores ou superiores aos indicados. O número de postos de trabalho gerados no sector dos lacticínios provém de Villareal G., J. R., Aguilar V., A., Luevano G., A. 1998. O impacto socioeconómico da produção de leite na região de Lagunera. Revista Mexicana de Agroindústria. julho-dezembro Vol. 3. Sociedade Mexicana de Administração Agropecuária A. C- Universidade Autónoma Agrária "Antonio Narro" Unidad Laguna. Torreon Coahuila México. As variáveis X11, X12, X13 e X14 têm como fonte o Apêndice IV. Pegada hídrica de consumo e de serviço por animal de Mekonnen, M.M. & Hoekstra A.Y. 2010. The green, blue and green water footprint of animal products. UNESCO-IHE. Instituto para a Educação sobre a Água. Série de Relatórios de Investigação n.º 48. Nota: em X9 e X10: LRi=Linha de irrigação da n-ésima cultura forrageira (em metros); EC=Índice de eficiência de condução da rede hidráulica. O CE tende para 1 (nunca é) se se tratar de um sistema de irrigação altamente tecnificado e o CE tende para zero (nunca é) se se tratar de um sistema de irrigação não tecnificado. Os 10.000 são os metros quadrados de um hectare. No X31i RF é o rendimento físico (em quilogramas por hectare) da forragem fornecida à vaca. O RF de alto rendimento é obtido de: Rodriguez H, K., Ochoa M. E., Maldonado J. J., Torres R. C., Sanchez D. J.I. Analisis de la productividad de la l echeria bovina semitecnificada/Fami li ar o rural en la region Lagunera de Coahuila. Memorias del XVII Congreso Nacional y V Congreso Internacional sobre Recursos Bioticos de Zonas Aridas. UAChapingo, URUZA. outubro de 2021.

CAPÍTULO V

V. RESULTADOS E DISCUSSÃO

5.1 Rendimento, preços, custos, lucro, emprego e utilização da água em vacas leiteiras de rendimento médio e elevado na DDR Laguna-Coahuila.

O que era o quadro 9 na secção Materiais e Métodos passa a ser o quadro 10, uma vez que inclui agora os dados específicos sobre a produção de leite bovino na DDR Laguna-Coahuila de vacas de rendimento médio e de vacas de rendimento elevado na DDR Laguna-Coahuila.

O quadro 10 mostra, em princípio, que foram considerados dois tipos de rendimentos físicos por vaca, o primeiro, que poderia ser considerado um rendimento baixo, o do rendimento médio na DDR Laguna-Coahuila, com 36,46 litros de leite por vaca por dia, e um bastante elevado, de 65 litros de leite por vaca por dia (sempre citados por esta ordem). Pode observar-se que, embora se considere o mesmo preço e custo por litro de leite, o que resulta na mesma margem de lucro (MX$65 = USD 0,03 por litro de leite), o facto de haver uma produtividade física diferente leva a um lucro diferente por vaca, na ordem de USD 1,21 e USD 2,15, respetivamente, para os rendimentos médio e elevado. No entanto, deve ficar claro que, na realidade, tanto o preço como o custo por litro de leite serão diferentes nas explorações leiteiras caracterizadas por rendimentos baixos e altos, uma vez que haverá diferentes densidades de leite (quantidade diferente de gordura por litro) e o custo tenderá a ser menor nas grandes explorações leiteiras, devido a economias de escala.

Tabela 10 parte 1 de 2: Variáveis dependentes das quais dependem a produtividade e a eficiência da água utilizada na produção leiteira bovina. Dados do SIAP SAGARPA, Delegação Comarca Lagunera para a DDR Laguna Coahuila, em dezembro de 2022.

Variável Significado	Desempenho média	Elevado desempenho
X1 Rendimento (litros de leite) por dia por vaca com rendimentos baixos e elevados	36.46	65.00
X2 preço no produtor (MX$)/litro de leite	7.28	7.28
X3 Custo (MX$)/litro de leite	6.63	6.63
X4 Taxa de câmbio	19.65	19.65
X5 lucro por litro de leite (MX$)	$ 0.65	$0.65
X6 lucro por litro de leite (USD)	$ 0.03	$0.03
X7 lucro por vaca por dia (MX$)	$ 23.71	$ 42.28
X8 lucro por vaca por dia (USD)	$ 1.21	$2.15
água virtual consumida por vaca por dia (m3) por FEED (forragens e grãos) consumido em X9 AMAMENTAÇÃO	89.14	89.14
água virtual consumida por vaca por dia (m3) por FEED (forragens e grãos) consumido em X10 SECO	28.25	28.25
X11 Litros de água bebidos por vaca por dia, em média, durante a vida produtiva em lactação.	70.00	70.00
X12 Litros de água bebidos por vaca por dia, em média, durante a vida produtiva na fase SECA.	49.00	49.00

X13	Litros de água por dia, em média, na vida produtiva na fase de ALIMENTAÇÃO MATERNA	22.00	22.00
X14	Litros de água por dia, em média, durante a vida produtiva na fase DRIED SERVIÇOS	11.00	11.00
X15	dias do ano em ALIMENTAÇÃO MATERNA	305.00	305.00
X16	dias do ano em DRY	60.00	60.00
X17	volume (m3) de água consumida por vaca em FEED (forragens e grãos) durante toda a fase de lactação	27188.34	27188.34

Tabela 10 parte 2 de 2: Variáveis independentes das quais depende a produtividade e a eficiência da água utilizada na produção de gado leiteiro. Dados do SIAP SAGARPA, Delegação Comarca Lagunera para a DDR Laguna Coahuila, em dezembro de 2022.

Variável	Significado	Rendimento médio	Alto desempenho
X18	volume (m3) de água consumida pelos ALIMENTOS (forragens e grãos) em toda a fase de SECAGEM	1,695.1	1,695.1
X19	volume (m3) de água consumida por vaca em BEBEDOURO na fase de ALIMENTAÇÃO MATERNA	21.35	21.35
X20	volume (m3) de água consumida por DRINKING na fase DRY	2.94	2.94
X21	volume (m3) de água consumida por vaca na fase de ALIMENTAÇÃO SERVIÇOS	6.71	6.71
X22	volume (m3) de água consumida pelos SERVIÇOS na fase SECA	0.66	0.66
X23	volume (m3) de água consumida por vaca em ALIMENTAÇÃO, BEBIDA e SERVIÇOS na fase de LACTAÇÃO	27,216.4	27,216.4
X24	volume (m3) de água consumida por vaca para ALIMENTAÇÃO, BEBIDA e SERVIÇOS na fase SECA	1,698.7	1,698.7
X25	volume (m3) de água consumida por ALI MENTO, BEBIDA e SERVIÇOS nas fases de ALIMENTAÇÃO MATERNA e SECA em um ano	28,915.1	28,915.1
X26	Dimensão do efetivo (inventário) em 2022	522,508.0	522,508.0
X27	total de empregos diretos no ano no efetivo leiteiro	16,406	16,406
X28	número total de estábulos	380	380
X29	Empregos diretos por vaca	0.0314	0.0314
X30	número médio de barrigas por estábulo	1,375.0	1,375.0
X31i	m3 de água por kg de cada i-ésimo género alimentício	verAnexo 1	verAnexo 1
X32i	Kg consumido por dia do i-ésimo alimento (forragens, grãos, concentrado, minerais^)	verAnexo 1	verAnexo 1

Fonte: Estimativa própria, com base nos modelos de Rios, Ros e Rios (2019); X1 e X2 têm como fonte o SIAP-SAGDER,DR017 Del egacion Comarca Lagunera, o custo por litro de leite foi obtido através de informação direta fornecida por MC Mario Carrasco Holguín, Gerente da empresa de consultoria INNOVALECHERA, que também é professor da Cátedra de Gado Leiteiro da Universidade Autónoma Chapingo, que indicou que, dependendo do tipo de produtor, o custo por litro de leite varia de MX$5.30 a MX$6,63, embora existam produtores individuais com custos mais baixos ou mais elevados. O número de postos de trabalho gerados no sector dos lacticínios é extraído de Villareal G., J. R., Aguilar V., A., Luevano G., A. 1998. O impacto socioeconómico da criação de gado leiteiro na região de Lagunera. Revista Mexicana de Agroindústria. julho-dezembro Vol. 3. Sociedad Mexicana de Administracion Agropecuaria A. C- Universidad Autonoma Agraria "Antonio Narro" Unidad Laguna. Torreon Coahuila México. As variáveis X11, X12, X13 e X14 são extraídas do Apêndice IV. Pegada hídrica de consumo e de serviço por animal de Mekonnen, M.M. & Hoekstra A.Y. 2010. The green, blue and green water footprint of animal products. UNESCO-IHE. Instituto para a Educação sobre a Água. Série de Relatórios de Investigação n.º 48. Nota: em X9 e X10: LRi = linha de irrigação da i-ésima cultura forrageira (em metros); EC=Índice de eficiência da rede hidráulica. O CE tende para 1 (nunca é) se se tratar de um sistema de irrigação altamente tecnificado e o CE tende para zero (nunca é) se se tratar de um sistema de irrigação não tecnificado. Os 10.000 são os metros quadrados de um hectare. Em X31i RF é o rendimento físico (em quilogramas por hectare) da forragem fornecida à vaca. O RF de alto rendimento é obtido de: Rodriguez H, K., Ochoa M. E.,

A parte 2 de 2 do quadro 10 mostra que, embora o volume estimado de água utilizada na produção leiteira num ano de produção (ano composto pelos dias de lactação mais os dias secos, ver X25) seja o mesmo para os dois tipos de rendimento, ou seja, 28 915.^{3}1 m, este volume de água traduziu-se em diferentes quantidades de produto físico (litros de leite) e em diferentes quantidades de produto económico (diferentes massas de lucro), de modo que, necessariamente, ao derivar um índice de produtividade e de eficiência da água utilizada na produção, destas duas variáveis (ver equações 1 e 2 no capítulo Materiais e métodos), a quantidade de produto (físico, económico ou social) e o volume de água utilizado para gerar essa quantidade de produto, resultarão em diferentes índices de produtividade e eficiência da água utilizada na produção, mesmo que seja utilizado o mesmo volume de água.

No que diz respeito ao montante do produto social, o quadro 10, parte 2 de 2, mostra que a taxa de empregos gerados por vaca é a mesma para os dois tipos de produção física: 0,0314 empregos por vaca.

As duas últimas variáveis do quadro 10 parte 2 de 2, X31 e X32, são extremamente importantes, pois a primeira delas nada mais é do que uma medida da eficiência da água utilizada na produção da forragem que a vaca consome na sua alimentação, assim, quanto mais eficiente for o uso da água na produção da forragem (e de qualquer alimento consumido pela vaca), ou seja, quanto menos água for consumida na sua produção, maior será a eficiência da água utilizada na produção leiteira, Por exemplo, se o sistema de irrigação utilizado para irrigar a forragem for mais tecnificado, a eficiência na taxa de condução da rede hidráulica será muito maior do que se o sistema de irrigação for pouco tecnificado, o que necessariamente reduzirá a pegada hídrica do leite produzido. A Tabela 11 mostra os índices de produtividade e eficiência da água utilizada na produção de leite bovino na DDR Laguna-Coahuila.

Quadro 11: Produtividade e eficiência da água utilizada na produção de gado leiteiro na DR017 Comarca Lagunera 2021

índices de produtividade e eficiência da água utilizada na produção de leite	a) baixa rendimento/vaca	b) alta rendimento/vaca	c) Modelo e suas variáveis independente e dependente	d=b/a bovino e unidades em que é medido rendimento/vaca
Produtividade física da água (PFA, em litros de leite por m3 de água utilizada na produção)	0.385	0,686	PFA=X1*X15/X25	1.78
Eficiência física da água (PEE, em m3 de água por litro de leite)	2.600	1,459	EFA=X25/(X1*X15)	0.56
Produtividade económica da água (PAE, em USD de lucro por m3)	$0.013	0,023	PEA=X1*X6/X25	1.78
Produtividade económica da água (PAE, em USD de lucro por hm3)	$12,731	22 ,698	PEA=(X1*X6/X25)*100C	1.78
Eficiência económica da água (EEA, em m3 de água por ganho de USD)	78.55	44,06	EEA=X25/(X8*X15)	0.56
Produtividade social da água (WSP, em empregos diretos por m3)	0.000001086	0,000001086	PSA=X29/X25	1.00

Produtividade social da água (WSP, em empregos diretos por hm3)	1.086 1,09 PSA=X29/(X25/1000000	1.00
Eficiência social da água (SWE, em m3 de água por emprego direto)	920,905 920,905 ESA=X25/X29	1.00

Fonte: Elaboração própria, com base nos dados do quadro 10.

A partir dessa fonte, Tabela 11, pode ser visto que o PFA foi de 0,385 e 0.[3]686 litros de leite por m de água, respetivamente, para vacas de rendimento médio e vacas de alto rendimento na DDR Laguna-Coahuila, de onde se pode deduzir que uma vaca de alto rendimento é capaz de produzir até 78% mais leite por m3 de água utilizada na produção do que uma vaca de baixo rendimento, de modo que, embora mesmo antes desta análise isso já fosse óbvio, agora, com números, é demonstrado como é importante para a disponibilidade de água a longo prazo, A utilização da água no sector leiteiro deve tornar-se mais técnica em todos os seus aspectos, mas principalmente na produção de forragens, que deve tornar-se mais técnica em termos do sistema de irrigação utilizado para a sua produção, a fim de reduzir o consumo de água das forragens utilizadas para alimentar o gado, bem como, e não menos importante, a gestão adequada do sistema de produção, do efetivo, da dieta e da administração da exploração leiteira, uma vez que isso reduzirá o consumo de água por litro de leite produzido.

[3-1]Na sua forma de índice de eficiência física da água utilizada na produção (IEF), a Tabela 11 mostra que os índices IEF foram iguais a 2.600 e 1.459 m litro, ou seja, para produzir um litro de leite bovino foram gastos 2.600 e 1.459 litros de água na produção, constatando-se que os reprodutores de alta produtividade utilizaram apenas 56% do volume de água utilizado pelos reprodutores de média produtividade para produzir um litro de leite.

O quadro 11 apresenta duas unidades de medida diferentes da PAE (produtividade económica da água), a amostra sob as unidades de lucro em USD por metro cúbico de água e lucro em USD por hectómetro cúbico de água, apenas destacaremos o segundo tipo, uma vez que o primeiro tipo é mais difícil de compreender, para além de ser mais impreciso devido ao número de dígitos utilizados.[45]Apenas destacaremos o segundo tipo, uma vez que a primeira forma de expressar a PPE é mais difícil de compreender, além de ser mais imprecisa devido ao número de dígitos utilizados. [-33]Assim, para as vacas de baixo rendimento, a PEA foi igual a USD 12.731 hm , enquanto as vacas de alto rendimento tiveram uma PEA 78% superior, igual a USD 22.698 hm .

Do parágrafo anterior pode facilmente deduzir-se que, qualquer que seja o aumento dos lucros na produção leiteira, *ceteris paribus*, o volume de água utilizado na produção, implicará o aumento da produtividade económica da

[453]L embre-se que um hectómetro cúbico, hm , é igual a um milhão de metros cúbicos. [3]O hm é a unidade de medida mais comum para grandes reservatórios de água.

água.[46] O volume de água utilizado na produção implicará o aumento da produtividade económica da água, e quais são as variáveis a aumentar para manipular o aumento da PEA? Se voltássemos ao quadro 10, parte 1 de 2, seriam X1 a X4, ou seja, o rendimento físico por vaca (X!) e o preço por litro de leite (X2) devem ser aumentados tanto quanto possível, X1 através da investigação e de uma boa gestão da exploração, o custo por litro (X3) deve ser o mais baixo possível, algo fácil de dizer mas muito difícil de conseguir, É para isso que existe o engenheiro zootécnico, principalmente quando ele vê que o preço de alguma forragem está subindo, ele deve substituí-la na quantidade adequada na dieta por outra forragem de menor custo, enfim, a quarta variável, a X4, que é a paridade cambial; Se manipular X1, X2 e X3 é difícil, manipular X4 é praticamente impossível, já que se trata de uma variável completamente exógena à produção leiteira, mas que tem influência direta sobre ela. No entanto, X2, X3 e X4 podem ser manipuladas de certa forma, se o produtor estiver associado a outros através da figura jurídica de cooperativas de compra de insumos.

[3]Os índices FSS (eficiência económica da água, em m3 de água por dólar de lucro produzido) no Quadro 11 mostram que foram necessários 78,55 e 44,06 m de água utilizada na produção para produzir um dólar de lucro, ou seja, as vacas de alta produção utilizaram 56% do total de água utilizada nas vacas de baixa produção para produzir um dólar de lucro. No parágrafo anterior analisámos, numa perspetiva otimista, o que deve ser feito para aumentar a PEA, no entanto, o contrário, ou seja, a perspetiva pessimista (que é a mais habitual na vida real dos produtores de leite), ou seja, o que acontece quando a produção é negligenciada e o desempenho físico das vacas diminui, ou quando o preço do leite é baixo, ou quando os custos de produção por litro de leite aumentam, a resposta é simples: o preço do leite diminui, ou quando os custos de produção por litro de leite aumentam, A resposta é simples: a eficiência económica da água diminui, por exemplo, e como cenário, ao substituir na tabela 10 o preço por litro de leite em gado de alto rendimento, considerando uma diminuição de 28 cêntimos, e que o novo preço é de MX$7 por litro, isto afectaria imediatamente a EAP, uma vez que de 22.698 USD de lucro por hm3 passaria para 12.913 USD hm3, ou, se o custo do litro de leite for aumentado de MX$6.63 para MX$ 6,90 por litro, a PEA desceria para 13.275 USD hm-3 e o FSS diminuiria, uma vez que os metros cúbicos de água necessários para produzir um dólar de lucro aumentariam de 44.06 para 75,33. No que se refere à taxa de câmbio, bastaria uma pequena desvalorização do peso em relação ao dólar,

[46] *O termo ceteris paribus* é amplamente utilizado para facilitar a aplicação de modelos abstractos e é um elemento fundamental da análise económica. Significa "mantendo tudo o resto constante".

digamos de MX$19,6458 para MX$22 por dólar, o que se reflectiria num índice PEA de 20,269 dólares (abaixo dos actuais 22,698 dólares) e num índice FSS de 49.[33]34 m por dólar (acima dos actuais 44,06 m), ou seja, uma pequena desvalorização implicaria gastar mais água para produzir a mesma massa de lucro, além disso, uma desvalorização implica roer as bases da sustentabilidade económica de recursos escassos, como neste caso, a água.
Tal como na PAA, na produtividade social da água, a PSA, o quadro 11 avalia-a em duas unidades de medida diferentes, a primeira como empregos diretos por metro cúbico, e a segunda como empregos diretos por hectómetro cúbico, o leitor notará que a primeira gera um indicador de difícil leitura, devido ao número de casas decimais, mas não a segunda forma de medir a PSA, que é de fácil leitura. A razão para isto é que, no Quadro 10, o mesmo valor aparece em X29 (empregos diretos por vaca) e isto deve-se ao facto de as duas variáveis de que X27 depende, X26 (dimensão do efetivo) e X27 (total de empregos na região) não serem diferenciadas, pela sua natureza, para vacas de baixa e alta produtividade.

5.2 Discussão: Contrastando os resultados determinados neste estudo com outros estudos sobre a produtividade da água no sector do gado leiteiro.

A Tabela 12 mostra a comparação percentual entre os índices de produtividade e eficiência da água utilizada na produção de leite bovino na DDR Laguna-Coahuila com outros indicadores de produtividade e eficiência da água utilizada na produção de leite bovino em outras partes do mundo e em alguns locais do México.

Tabela 12: Discussão: Contraste dos resultados determinados com outros índices de produtividade e eficiência da água utilizada na produção de leite bovino determinados por outros autores.

Produto	localização	Fonte	PFA (litros de leite por m3)	$^{-3}$EAP (USD him)	$^{-3}$PSA (Empregos hm)	AAE (Litros de por USD água por litro de leite) de ganho)	EEE (m3	$^{-1}$SEC (m3 emprego)
BAR-DDR LC	DDR LC	Este trabalho	0.686	$ 22,698	1.09	1,45944	.06	920,905
BAR-DDR LC = 100%	DDR LC	Este trabalho	**100%**	**100%**	**100%**	**100%**	**100%**	**100%**
BBR-DDR LC	DDR LC	Este trabalho	56%	56%	100%	178%	178%	100%
Leite de vaca	Média mundo	Mekonnen e Hoekstra, 2010	136%			74%		
Leite de vaca	EUA	Mekonnen e Hoekstra, 2010	177%			56%		
Leite de vaca	Países	Mekonnen e Hoekstra, 2010	267%			37%		

	Baixos						
Leite de vaca	China	Mekonnen e Hoekstra, 2010	110%		91%		
Leite de vaca SE	Delícias, Chihuahua	Rios, Rios e Rios, 2019	31%	20%		321%505%	
Leite de vaca SE	La Laguna	Rios e Ruiz, 2019	44%	111%		229%111%	
Leite de vaca SSI	Parral, Chihuahua	Rios, Armendariz e Rodriguez. 2021	17%23%		11290%	582%440%	11293%

Fonte: Os números a verde indicam uma maior produtividade ou eficiência da água utilizada na produção pelo gado leiteiro na D DR Laguna Coahuila em relação ao que foi relatado por cada autor na fonte indicada. BAR DDR LC=Bovinos de Alto Rendimento da DDR Laguna Coahuila; BBR DDR LC= Bovinos de Baixo Rendimento da DDR Laguna Coahuila. SE=Sistema Especializado; SSE=Sistema Semi-Especializado; SSE=Sistema Semi-Especializado.

A produtividade e a eficiência da água utilizada na produção têm-se restringido, até agora, quase exclusivamente ao domínio físico, ou seja, ao cálculo de indicadores que indicam a quantidade de água utilizada por unidade de um determinado produto (no caso de medidas de eficiência, como a pegada hídrica relatada por Mekonnen e Hoekstra, 2010, apresentada no Quadro 12 como uma percentagem em relação aos valores determinados neste documento) ou indicando a quantidade de produto físico, como quilogramas, produzido por metro cúbico de água, enquanto as medidas de produtividade e eficiência económico-sociais, como as que medem a quantidade de lucro produzida por metro cúbico de água, ou quantos metros cúbicos de água são necessários para produzir um determinado produto, são utilizadas por metro cúbico de água, são produzidos por metro cúbico de água, enquanto as medidas de produtividade e de eficiência económico-sociais, como as que medem o lucro produzido por metro cúbico de água, ou quantos metros cúbicos são necessários para produzir uma unidade monetária de lucro, bem como as medidas de natureza social, que indicam quantos postos de trabalho são gerados associados à utilização de um determinado volume de água, ou quantos metros cúbicos foram utilizados por cada posto de trabalho gerado na exploração agrícola ou, neste caso, na exploração pecuária.

Isto porque, em nosso entender, o conceito de produtividade e eficiência da água utilizada na produção em esfi é demasiado recente, no início deste terceiro milénio, e a sua criação é atribuída a Mekonnen e Hoekstra.[47] [48]Chapagaine[49],

---

42 **Kijne JW, Barker R, Molden D. 2003**. Water productivity in agriculture: Limits and Opportunities for Improvement. CABI Publication 2003, Wallingford UK. 332p.

43 **Salmoral, G., Dumont A., Aldaya M.M., Rodriguez-Casado R., Garrido A., Llamas M.R. 2011.** Análise da pegada hídrica alargada da bacia do Guadalquivir. Fundação Botín. Observatorio del agua numero3 . em: https://www.researchgate.net/profile/Gloria-Salmoral/publication/237045729_Analisisis_de_la_huella_hidrica_extendida_de_la_cuenca_del_Guadalquivir/links/00b7d51afc304b8968000000/Analisisis-de-la-huella-hidrica-extendida-de-la-cuenca-del-Guadalquivir.pdf

Kijne e Molden[50]e Aldaya[51]a maior parte deles investigadores da Universidade de Netherland, nos Países Baixos, com exceção dos dois últimos.
Começando pela coluna relativa à AAE, tendo em conta que os valores reportados pelos pais da pegada In'drica, Mekonnen e Hoekstra (2010 *Op. Cit.*), a Tabela 12 mostra que, com um índice de 1459 litros de água por litro de leite, a RDD Laguna-Coahuila é consistente com o índice médio mundial de 1076.4 litros de água por litro de leite, uma vez que este último é 74% do índice da DDR Laguna-Coahuila, mas está mais distante dos índices EFA do leite produzido nos EUA, uma vez que com 823.1 litros de água por litro de leite equivale a 56% do da RDD Laguna-Coahuila, e está ainda mais distante da AAE do leite holandês, já que com 546 litros de água por litro de leite, apenas 37% do volume de água utilizado na RDD Laguna-Coahuila é exigido, notando-se que onde há uma maior coincidência é com o leite bovino produzido na China, já que, conforme relatado para a média mundial, os EUA e os Países Baixos, Mekonnen e Mekonnen são os dois únicos países com os maiores índices de AAE. Mekonnen e Hoekstra (2010 *Op. Cit.*) obtiveram um índice de 1325,6 litros de água por litro de leite, com uma coincidência de 91%, o que poderia, em certo sentido, sugerir que, tal como na China, na DDR Laguna-Coahuila é necessário tecnificar ainda mais a produção, especialmente de forragens, bem como a gestão do efetivo leiteiro, tanto na produção como na fase pré-produtiva e na fase seca.
Observa-se no quadro 12 que, em relação ao leite produzido em Delicias, La Laguna em geral (ou seja, tanto a parte do estado de Coahuila como a parte do estado de Durango) e Parral, observa-se uma notória disparidade, sendo o leite produzido pelo sistema familiar de Parral, Chihuahua, determinado por Rios, Armendariz e Rodriguez (2021 *Op. Cit.*Note-se que em La Laguna o sistema especializado é predominante, mas não em Parral, onde a produção de leite é eminentemente produzida por um sistema familiar camponês, e de acordo com a Tabela 2, destacam-se as diferenças entre a DDR Laguna-Coahuila e a DDR Laguna-Coahuila, onde se destacam as diferenças entre os diferentes sistemas de produção de leite no México, o sistema familiar é muito menos tecnificado do que o sistema especializado, daí, consideramos, a razão da notória diferença entre o sistema especializado e o sistema familiar na quantidade de água

[47] **Mekonnen MM, Hoekstra AY. 2010.** The green, blue and grey water footprint of farm animals and animal products. 2010. Value of Water Research Report Series No. 48 2010, UNESCO-IHE, Delft, Países Baixos.

[48] **Hoekstra AY. 2003**. Virtual Water Trade: Proceedings of the International Expert Meeting on Virtual Water Trade. Delft. Países Baixos. 12 e 13 de dezembro de 2002. Value of Water Research Report Series No. 12 UNESCO-IHE. Delft. Países Baixos. www.waterfootprint.org/Reports/Report12.pdf.

[49] **Chapagain AK e Hoekstra AY. 2013**. Fluxos de água virtual entre nações em relação ao comércio em Pecuária e Produtos Pecuários. Value of Water Research Report Series no. 13. UNESCO-IHE. Delft. O Países Baixos.

utilizada na produção por litro de leite.

A tabela 12 mostra, na coluna PFA, que com 0.^{3}686 litros de leite por m de água utilizada na produção, o leite bovino da RDD Laguna-Coahuila teve um uso mais produtivo da água em termos físicos do que o leite bovino produzido pelo gado de baixo rendimento da mesma RDD, uma vez que este gado de baixo rendimento produziu apenas 56% do volume de leite produzido por metro cúbico na RDD Laguna-Coahuila, bem como dos leites bovinos de Delicias (Rios, Rios e Rios, 2019 *Op. Cit)*, o do gado especializado médio em toda a DR017 Comarca Lagunera (Rios e Ruiz, 2019 *Op. Cit.*) e o de Parral, Chihuahua (Rios, Armendariz e Rodriguez, 2021 *Op. Cit)*, enquanto estes três últimos locais, utilizando o mesmo volume de água utilizado na RLD Laguna-Coahuila, um metro cúbico, produziram, respetivamente, 31, 44 e 17% do volume de leite produzido na RLD Laguna-Coahuila.

^{33}Relativamente ao EAP, expresso em USD de lucro por hm , a tabela 12 mostra que com um lucro de USD 22.698 por hm de água utilizada na produção na DDR Laguna-Coahuila, o EAP foi superior ao do gado leiteiro de baixo rendimento na mesma DDR, uma vez que este último teve um índice igual a 56% do índice de referência, também, ^{3}O leite de Delicias, Chihuahua, com um índice percentual de 20%, e o leite de Parral, Chihuahua, com um índice percentual de 23%, mostram que nestas duas localidades, ao utilizarem o mesmo volume de água (um hm) que produziu o lucro de 22.698 USD na DDR Laguna-Coahuila, produziram uma massa de lucro equivalente a apenas 20 e 23%, respetivamente.

$^{-3}$Quanto ao PES do quadro 12, medido sob a forma de empregos gerados por hectómetro cúbico de água utilizada na produção, ou seja, empregos hm , a DDR Laguna-Coahuila, com um índice de 1.$^{-3}$09 empregos hm , teve uma produtividade social muito baixa, pelo menos quando comparada com a única fonte que a relatou (Rios, Armendariz e Rodriguez, 2021 *Op. Cit.*), a do gado leiteiro do Sistema Familiar del Parral, Chihuahua, que gerou 122.$^{-3}$6 postos de trabalho por hm , o que mostra a notória diferença entre os sistemas especializado e familiar em termos de geração de emprego, o que é coerente, dado que o sistema familiar privilegia a utilização de mão de obra familiar, precisamente, e não a utilização de tecnologia automatizada como no caso das grandes explorações leiteiras do Sistema Especializado da DDR Laguna-Coahuila.

$^{3-1}$A coluna do IEEA na Tabela 12, medida em unidades de metros cúbicos de água utilizada na produção por dólar americano de lucro gerado, ou seja, m USD , mostra que com 44.$^{3-13-1}$06 m USD , foi mais eficiente no uso da água na produção do que o gado leiteiro de baixo rendimento do mesmo DDR Laguna-

Coahuila, uma vez que esse gado exigiu 78,55 m USD , ou seja, exigiu 78% mais água do que o gado leiteiro de alto rendimento, bem como o gado leiteiro de Delicias, Chihuahua (Rios, Rios e Rios, 2019 *Op. Cit.*), a média do gado leiteiro de toda a DR017 Comarca Lagunera (Rios e Ruiz, 2019 *Op. Cit.*) e a média do gado leiteiro de Parral, Chihuahua (Rios, Armendariz e Rodriguez, 2021 *Op. Cit.*[3]), uma vez que nestes três últimos locais, para produzir o mesmo dólar de lucro, que exigia 44,06 m de água na DDR Laguna-Coahuila, eles exigiram, respetivamente, 405, 11 e 330% mais água (as taxas percentuais foram 505%, 111% e 430%, respetivamente).

[3-1]O volume de água associado à geração de emprego anual permanente reportado na Tabela 12 para o gado leiteiro no DDR Laguna-Coahuila, na ordem de 920.905 m de emprego, foi muito superior ao reportado por Rios, Armendariz e Rodriguez (2021 *Op. Cit.*) de 8.154.[3-1]6 m de emprego para o gado no sistema familiar de gado leiteiro em Parral, Chihuahua, a diferença exponencial, acreditamos, deve-se a duas causas, a primeira é que, no sistema familiar, pouca água virtual é usada na produção de forragem dada como alimento, A segunda causa é, de facto, a mesma que a anterior, ou seja, consideramos que, na realidade, os 8.154.[3]6 m emprego-1 do Parral, é um índice subestimado, uma vez que apenas foi considerada a alimentação complementar dada ao gado no curral, mas não a água utilizada no seu crescimento pelas gramíneas e arbustos silvestres consumidos pelo gado no campo, pelo que o volume de água estimado na produção está efetivamente subestimado, também, como parte desta segunda causa, está o facto de que, como já foi referido, o gado no sistema familiar exige muita mão de obra e toda ela é inteiramente de natureza familiar, o que se explica na perspetiva da equação dois descrita em Materiais e métodos::

quantidade de água utilizada na produção Eficiência =
Unidade de produto (físico, económico ou social)

Como o índice de eficiência é um quociente, se o numerador (o volume de água) for "pequeno" (como já foi observado por sua subestimação) enquanto o denominador (a quantidade de empregos gerados) for "grande" (como já foi observado), então necessariamente o índice resultante será "pequeno", como foi para o leite do Sistema Familiar relatado para Parral, Chihuahua.

Para se ter uma referência de quão produtiva ou eficiente pode ser a água utilizada na produção agrícola, não pecuária, basta comparar o PFA, o PEA e o PSA do gado leiteiro com alguns produtos agrícolas de exportação, como os espargos e as uvas de mesa, produzidos em Caborca, Sonora, bem como as oliveiras produzidas em Espanha, ver quadro 13.

Quadro 13: Discussão: Contraste da produtividade da água na produção de leite da RLD Laguna-Coahuila e de alguns produtos agrícolas

Variável	Leite DDR Laguna-Coahuila	Espargos	Uvas de mesa	Oliveira espanhola	Todo o sector agrícola DR005 Delicias, Chihuahua	Gado leiteiro DR005 Delicias, Chihuahua

³PFA (litros de leite/ m)0,686

PFA (kg / m3) 0.7090 .481 . 60.39

⁵EAP (USD Im')$ 22,698 $540,924 $ 945,190 0.97 Euros USD 0.119 USD 0.020196

PSA (postos de trabalho em alcatrão) 1,0948 , 610.7

Fonte: Elaboração própria com base no Quadro 11 e valores de Rios *et al 2018* para espargos e uvas de DR037 Caborca, Sonora, México e de Montesinos *et al (2011)* para azeitona de Espanha. [3]Foi considerada uma densidade de 1,034 kg por litro de leite no cálculo da AFP em kg de leite por m. Para todo o conjunto de culturas e gado leiteiro de Delicias, Chihuahua, são apresentados dados de Rios e Ruiz, 2019 (*Op. Cit).* Para a conversão do PAE da azeitona espanhola, reportado em euros por metro cúbico, considerou-se a taxa de câmbio euro-dólar de 3 de janeiro de 2023 de Investing.com, disponível em: https ://mxinvesting .com/currencies/eur-usd

O quadro 13 mostra que o índice AFP (normalizado em kg $_{m-3}$) do leite do DER Laguna-Coahuila, bem como a cultura do espargo, são intermédios em relação aos extremos dos índices AFP de 0,39 e 1.$^{-3\ -3-3}$6 kg m para a azeitona espanhola e a uva de mesa em Caborca, Sonora. Do mesmo modo, em termos de PAE, o leite bovino da RLD Laguna-Coahuila é extremamente baixo em relação ao PAE das culturas agrícolas indicadas para os espargos (540 924 USD hm), a uva de mesa (945 190 USD hm) e a azeitona espanhola (0,97 euros por m³ [5233]=USD 1.024,999 $_{hm-3}$, determinado por Montesinos *et al.* 201144), o que é consistente com os resultados encontrados por Rios e Ruiz (2019 *Op. Cit.*) ao contrastar o PAE de toda a agricultura (ganho de USD por hm) com o PAE do gado leiteiro (ganho de USD 20.196 por hm) em DR005 em Delicias, Chihuahua.

42 [52] **Montesinos, P.; Camacho, E.; Campos, B.; Rodriguez-Di'az, J. 2011**. Análise da água de rega virtual. Aplicação à gestão de recursos hídricos numa bacia hidrográfica mediterrânica. Water Resources Management. 25 (6): 1635-1651.

CAPÍTULO VI

VI. CONCLUSÕES E RECOMENDAÇÕES

6.1Conclusões

Conclui-se que foi cumprido o objetivo de determinar a produtividade e a eficiência da água utilizada na produção de leite bovino de gado de alto e baixo rendimento (rendimento médio regional) na DDR Laguna-Coahuila, México, através de índices numéricos em termos físicos, económicos e sociais.

Com base nos resultados obtidos nesta investigação, suportados pelo uso de equações matemático-económicas alimentadas com dados à escala comercial, a primeira hipótese não é rejeitada, uma vez que com índices de produtividade e eficiência física de 0,686 litros de leite por m3 de água utilizada na produção e 1.^{3}459 m de água utilizada na produção por litro de leite produzido, respetivamente para produtividade e eficiência física da água, os bovinos do Sistema Especializado da DDR Laguna-Coahuila com alto desempenho físico, superaram em produtividade e eficiência física os bovinos de desempenho médio da DDR Laguna-Coahuila, cujos índices foram de 0.^{3}385 litros de leite por m3 de água e 2.600 litros de água por litro de leite, respetivamente para produtividade física e eficiência física da água m de água utilizada na produção por litro de leite produzido.

[33]Com base nos resultados desta investigação, suportados pela utilização de equações matemático-económicas alimentadas com dados à escala comercial, a segunda hipótese não é rejeitada, uma vez que com índices de produtividade e eficiência económica de 22.698 USD de lucro por hm de água utilizada na produção e 44,06 m de água utilizada na produção por cada USD de lucro produzido, respetivamente, a produtividade e eficiência económica não são rejeitadas, uma vez que a produtividade e eficiência económica da primeira hipótese não é rejeitada.

[33]eficiência económica da água, os bovinos do Sistema Especializado com elevado rendimento físico na DDR Laguna-Coahuila, superaram em produtividade e eficiência económica os bovinos de rendimento médio da DDR Laguna-Coahuila, cujos índices foram de 12.731 USD de lucro por hm de água utilizada na produção e 78,55 m de água utilizada na produção por cada USD de lucro produzido, respetivamente produtividade e eficiência económica da água.

Com base nos resultados desta pesquisa, apoiada no uso de equações matemático-econômicas alimentadas com dados de escala comercial, a terceira hipótese não é aceita, pois tanto o gado leiteiro de alto quanto o de médio rendimento físico apresentaram o mesmo índice de produtividade social e eficiência social da água utilizada na produção, igual a 1.[33] 089 empregos por hm de água utilizada na produção e 920,905 m de água utilizada na produção por emprego gerado, respetivamente para produtividade e eficiência social da água.

6.2 Recomendações

[3]Se os seres humanos quiserem permanecer no planeta sem se extinguirem, é necessário que as instituições encarregadas de repartir o escasso recurso hídrico entre as variadíssimas actividades humanas que utilizam esse recurso hídrico, baseiem as suas decisões de repartição da água nas actividades em que se obtém a maior eficiência e produtividade da água utilizada na produção, ou seja, onde tanto na sua forma ***física*** (m por kg, [33333]como kg por m , em sentido estrito, esta é a pegada hídrica física), e ***económica*** (m por unidade monetária, como unidade monetária por m), bem como na sua forma ***social*** (m por emprego gerado, como empregos gerados por hm), é utilizada a menor quantidade de água, ou, o que é o mesmo, é gerado mais produto por unidade volumétrica de água utilizada, deixando assim de incorrer no que é a norma até agora: visualizar a utilização da água como um mero meio para maximizar os lucros, independentemente da pegada hídrica física e da produtividade e eficiência social da água. Isto deve-se ao facto de a sustentabilidade dos recursos a longo prazo ter de abranger as esferas ecológica, económica e social. A atividade pecuária não escapa a este princípio, ou seja, qualquer ramo da produção pecuária deve ser avaliado, no seu consumo de água, sob estas três perspectivas de eficiência e produtividade da água: a física, a económica e a social.

LITERATURA CITADA

Alcamo J, Doll P, Henrichs T, Kaspar F, Lehner B, Rosch T, Siebert S. 2003. Development and testing of the WaterGAP 2 global model of water use and availability. Hydrological Sciences Journal 48 (3):317- 337.

ASERCA. 2010. Situation atual y perspetiva de la production de Leche de bovino en Mexico 2010. Claridades Agropecuarias. 207: 34-43. Disponível em http://www.infoaserca.gob.mx/daridades/revistas/207/ca207- 34.pdf

BancodeMexico , dolarFix . https://www.banxico.org.mx/tipcamb/main.do?page=tip&idioma= sp

Barrera Camacho G, Sanchez Brito C. 2003. Caracterização da cadeia agroalimentar nacional e identificação das suas exigências tecnológicas. Leite. Relatório Final Fase III. Programa Nacional Estrategico de Necesidades de Investigacion y de Transferencia de Tecnolog^a Reporte Final Etapa III. Fundação Produce Jalisco. 2003. última consulta em 8 de janeiro. Disponível em:2023)
. https://scholar.google.com/scholar lookup?title=+Caracterização%C3%B3n+da+cadeia+agroalimentar+nacional+e+identificação%C3%B3n+das+suas+demandas+tecnológicas.+Leite&author=Barrera+Camacho+G&author=S%C3%A1nchez+Brito+C&publication yea r=2003&issue=III

CEPAL (Comissão Económica para a América Latina). 1986. Econom^a campesina y agricultura empresarial (Tipolog^a de productores del agro mexicano), Terceira edição. Siglo XXI Editores SA de CV, México.

Chapagain, A.K. e Hoekstra, A.Y. (2013). Fluxos de água virtual entre nações em relação ao comércio de gado e produtos pecuários. Série de relatórios de investigação sobre o valor da água n.º 13, UNESCO-IHE. Delft, Países Baixos

De La Cruz, E. Gutierrez, E. Palomo, A. Rodriguez S. 2003. Amplitude combinatória e heterose de mai'z lymes na Comarca Lagunera. Revista fitotecnia Mexicana. 26 (4): 279-284.

FAO-FEPALE. 2012. Situação da produção leiteira na América Latina e no Caribe em 2011. Observatório da Cadeia Láctea. Escritório Regional da FAO para a América Latina e o Caribe, Divisão de Produção e Saúde Animal. Santiago do Chile 2012

FIRA- Banco de México 1997b. Diagnóstico da Ganaderia de Leite. Subdireção Regional Norte. Residência estatal: Comarca Lagunera. Torreon Coahuila. México.

Gartia, E. 1973. Modificaciones al sistema de clasificacion climatica de Koppen para adaptarlo a las condiciones de la republica mexicana. UNAM. México DF 246p

Hoekstra AY. 2012. The hidden water resource use behind meat and dairy. Animal Frontiers 2(2):3-8.

Hoekstra AY. 2003. Virtual Water Trade: Proceedings of the International Expert Meeting on Virtual Water Trade. Delft. Países Baixos. 12 e 13 de dezembro de 2002. Value of Water Research Report Series No. 12UNESCO-IHE . Delft. Países Baixos. www.waterfootprint.org/Reports/Report12.pdf

Hoekstra AY. 2003. Virtual Water Trade: Proceedings of the International Expert Meeting on Virtual Water Trade. Delft. Países Baixos. 12 e 13 de dezembro de 2002. Série de Relatórios de Investigação sobre o Valor da Água No. 12UNESCO-IHE . Delft. Países Baixos. www.waterfootprint.org/Reports/Report12/pdf.

Kijne JW, Barker R, Molden D. 2003. Water productivity in agriculture: Limits and Opportunities for Improvement. CABI Publication 2003, Wallingford UK. 332p.

Mekonnen MM, Hoekstra AY. 2010. The green, blue and grey water footprint of farm animals and animal products. 2010. Value of Water Research Report Series No. 48 2010, UNESCO-IHE, Delft, Países Baixos.

Mekonnen, M. e Hoekstra, A. 2011. The green, blue and grey water footprint of crops and derived crop products, Value of Water Research Report Series No. 47, UNESCO -IHE, Delft, Países Baixos. Disponível em: http://www.waterfootprint.org/Reports/Report47 - WaterFootprintCrops-Vol1.pdfWaterFootprintCrops-Vol1.pdf

Montesinos, P.; Camacho, E.; Campos, B.; Rodriguez-D^az, J. 2011. Análise da água de rega virtual. Aplicação aos Recursos Hídricos Management in a Mediterranean River Basin. Water Resources Management. 25 (6): 1635-1651

Perspetiva mundial dos produtos lácteos, 2023... Disponível em: https://www.marketresearchfuture.com/reports/dairy-market- 11483?utm term=&utm campaign=&utm source=adwords&utm medium=ppc&hsaacc=2893753364&hsacam=19912237177&hs agrp=148712481999&hsa ad=659589502539&hsasrc=g&hsatg t=dsa-2080758263880&hsakw=&hsamt=&hsanet=adwords&hsanet=adwords&hs aver=3&gadsource=1

Rios-FloresJose Luis, Ruiz-TorresJose . 2019. ECONÓMICO PRODUTIVIDADE DA ÁGUA NA AGRICULTURA E NA Pecuária Leiteira NA CUENCA DE DELICIAS, CHIHUAHUA, MÉXICO Jose Luis Rfos Flores, Jose Ruiz Torres . Revista CiBIyT, Ciências Básicas, Engenharia e Tecnologia ISSN: 1870-056X. Ano 15 No. 42. setembro-dezembro de 2019. Pag..46-51.

Rios-Flores, J.Luis, Armendariz E. Sigifredo, Rodriguez M., Carlos E. 2021. Efficacite et productivite de l'eau dans la production laitiere bovins produits dans le systeme semi-especialise a Parral, Chihuahua. Edições Notre Savoir. ISBN 978-620-3-31867-8. Berlm, Alemanha

Rfos-Flores, Jose Luis, Rios Arredondo, Becky Elizabeth, Cantu Brito, Jesus Enrique, Rios Arredodndo, Hebrian Efram, Armendariz Erives, Sigifredo, Chavez Rivero, Jose Antonio, Navarrete Molina, Cayetano & Castro Franco, Rafael (2018). Análise da eficiência física, econômica e social da água na mesa de espargos *(Asparagus officinalis L.) e* uva (*Vitis* virnfera) do DR-037 Altar-Pitiquito- Caborca, Sonora, México 2018. *Revista de la Facultad de Ciencias Agrarias. Universidade Nacional de Cuyo*, 50(2). ISSN impresso 03704661, ISSN (online) 1853-8665. Mendoza, Argentina.

Rios, Armendariz e Balderrama (2021). Impronta idrica fisica ed economica del latte bovino. Il caso del latte prodotto nei sistema contadino e aziendale di Sonora, Messico. EDIZIONI SAPIENZA. ISBN 978620332301-6. Berlim, Alemanha

Rios-Flores J. Luis, Rios-Arredondo Becky E., Rios-Arredondo Hebrian E. 2019. Huellas Hdricas fisica y economica de la leche. O caso do leite bovino de Delicias, Chihuahua, México. Editorial Academica Espanola. ISBN978620002518-0. Berlim, Alemanha

Rios-Flores, J. Luis, Torres M., Miriam, Castro F., Rafael, Torres M., M.A. Ruiz T. Jose. 2015 Determinação da pegada hídrica azul em culturas forrageiras da DR017 Comarca Lagunera, México. Rev. FCA UNCUYO, 2018. 47(1): 101-122, ISSN impresso 0370-4661. ISSN (online) 1853-8665, pp.93-107. Mendoza, Argentina.

[a]**Rios-Flores, Jose Luis, Torres M. M. e Torres M., M. A. (2016).** Produtividade hídrica agrícola da noz-pecã no norte do México. Casos: Comarca Lagunera e Delicias, Chihuahua. ISBN978- 3-639-80166-8. Editorial Academica Espanola. Saarbrucken, Alemanha.

Rodriguez H, K., Ochoa M. E., Maldonado J. J., Torres R. C., Sanchez D. J.I. 2021. Análise da produtividade da produção leiteira bovina semi-tecnificada/familiar ou rural na região de Lagunera de Coahuila.
Memorias del XVII Congreso Nacional y V Congreso Internacional sobre Recursos Bioticos de Zonas Ari das. UAChapingo, URUZA. outubro, 2021

SAGARPA. 2014. Anuario Estad^stico de la Production Agropecuaria. Comarca Lagunera. SAGARPA. Delegação na Comarca Lagunera. 167p.

Saldana, M. 1998. "Disponibilidade hidráulica e sua utilização na DDR 017". VIII Congreso Nacional de Irrigacion y III Seminario Internacional de transferencia de sistema de riego". Actas ANEI, A.C. Comarca Lagunera.

Salmoral, G., Dumont A., Aldaya M.M., Rodriguez-Casado R., Garrido A., Llamas M.R. 2011. Análise da pegada hídrica alargada da bacia do Guadalquivir. Fundação Botm. Observatorio del agua numero3 . Disponível em: **https://www.researchgate.net/profile/Gloria-Salmoral/publication/237045729 Analisis-de-la-huella-hidricae-extendida-de-la-cuencaadel-Guadalquivir/links/00b7d51afc304b8 968000000/Analisisis-de-la-hidricae-extendida-de-la-cuenca-la-cuenca- del-Guadalquivir.pdf**

Comité Científico para os Problemas do Ambiente (SCOPE). 2010. Livestock in a Changing Landscape: Drivers, Consequences, and Responses. Volume 1 [Steinfeld H, Mooney HA, Schneider F e Neville LE (Eds.)]. Publicado por Island Press 2010.

Servicio de Información Agroalimentaria y Pesquera (SIAP), 2021. com informações das Delegações da SAGARPA. Disponível em: https://www.gob.mx/siap/aciones-y-programas/produccion-pecuaria

Dados abertos SIAP. Estatísticas da produção animal 2021. Disponível em: http://infosiap.siap.gob.mx/gobmx/datosAbiertos_p.php

Statista. 2022. Disponível em: https://es.statista.com/estadisticas/600241/principales-productores-de-cow's-milk-in-the-world-en/

Vazquez-Vazquez, C., Gartia-Hernandez, J. L., Salazar-Sosa, E., Murillo-Amador, B., Orona-Castillo, I., Zuniga-Tarango, R., ... & Preciado-Rangel, P. (2010). Rendimento e valor nutritivo da alfafa (Medicago sativa L.) forrageira com diferentes doses de esterco bovino. *Revista mexicana de ciencias pecuarias*, *1*(4), 363-372.

Villareal G., J. R., Aguilar V., A., Luevano G., A. 1998. O impacto sócio-económico da produção leiteira na região de Lagunera. Revista Mexicana de Agroindústria. julho-dezembro Vol. 3. Sociedad Mexicana de Administracion Agropecuaria A. C- Universidad Autonoma Agraria "Antonio Narro" Unidad Laguna. Torreon Coahuila México.

Anexo 1: Água virtual proveniente do consumo de alimentos para animais na produção de leite em bovinos de rendimento em La Laguna, México 2021

Estágio	Alimentação	kg d^a consumido	m3 de água por kg de ração consumida	Total de m^3 de água consumida
Amamentação	Feno de alfafa	20.00	1.110	22.204
	Palha de aveia	4.00	1.978	7.912
	Núcleo 2010	9.00	5.500	49.500
	Milho laminado	1.50	3.401	5.101
	Sementes de algodão	0.75	2.927	2.195
	Bicarbonato de sódio	0.10	15.000	1.500
	minerais	0.00	12.000	0.000
	Osso de algodão	0.50	1.459	0.730
	TOTAL		0.000	89.142
Seco	Feno de alfafa	10.00	1.110	11.102
	Palha de aveia	4.50	1.978	8.901
	Milho laminado	1.00	3.401	3.401
	Minerais	0.10	12.000	1.200
	Osso de algodão	2.50	1.459	3.648
	TOTAL			28.251

Fonte: Elaboração própria, com base numa dieta média.

MIX
Papier aus verantwortungsvollen Quellen
Paper from responsible sources
FSC® C105338

Printed by Books on Demand GmbH, Norderstedt / Germany